Yüksel Özdemir

Boşluk Geçiş İhtimalleri, Açısal Dağılım ve Anizotropi Parametreleri

Yüksel Özdemir

Boşluk Geçiş İhtimalleri, Açısal Dağılım ve Anizotropi Parametreleri

Atomik Boşluk Geçişleri ve Lineer Polarizasyonun İncelenmesi

Türkiye Alim Kitapları

Impressum / Yayınevi adı
Bibliografische Information der Deutschen Nationalbibliothek: Die Deutsche Nationalbibliothek verzeichnet diese Publikation in der Deutschen Nationalbibliografie; detaillierte bibliografische Daten sind im Internet über http://dnb.d-nb.de abrufbar.

Deutsche Nationalbibliothek tarafından yayınlanan bibliyografik bilgiler: Deutsche Nationalbibliothek, bu yayını Deutsche Nationalbibliografie'de listeler; detaylı bibliyografik bilgi İnternet'te http://dnb.d-nb.de sitesinde mevcuttur.

Coverbild / Kitap kapağı resmi: www.ingimage.com

Verlag / Yayıncı:
Türkiye Alim Kitapları
ist ein Imprint der / yayınevinin bir ticari markasıdır
OmniScriptum GmbH & Co. KG
Heinrich-Böcking-Str. 6-8, 66121 Saarbrücken, Deutschland / Almanya
Email / E-posta: info@turkiye-alim-kitaplary.com

Herstellung: siehe letzte Seite /
Basım yeri: son sayfaya bakın
ISBN: 978-3-639-67158-2

ÖZET

Atom numarası $71 \leq Z \leq 92$ aralığında olan bazı elementler için M-tabakası flüoresans X-ışınlarının diferansiyel tesir kesitleri, 5,96 keV'lik uyarma enerjisinde 120°'den 150°'ye kadar yedi açıda ölçülmüştür. M-tabakası diferansiyel tesir kesitlerinin anizotropik uzaysal dağılımı gösteren emisyon açılarındaki artma ile azaldığı gözlenmiştir. Elde edilen sonuçlar teorik değerlerle karşılaştırılmıştır.

Çalışmamızın ikinci kısmında, atom numarası $71 \leq Z \leq 92$ olan bazı elementler için M-tabakası flüoresans X-ışınları diferansiyel tesir kesitleri sırasıyla Zn, Ga, Ge, As, Se, Br, Rb, , Nb ve Mo elementlerinin K X-ışınları kullanılarak aynı geometride ve aynı açı aralığında ölçülmüştür. K X-ışını enerjileri incelenen her bir hedef elementin L_3 soğurma kıyısı enerjisi üstünde fakat L_2 soğurma kıyısı enerjisi altında seçilmiştir. Bu yüzden sadece M X-ışınları oluşmaz aynı zamanda L_3 X-ışınları da oluşur ve L_3 tabakasından M tabakasına boşluk geçişi olur.

Çalışmamızın üçüncü kısmında, L_3 tabakasından M tabakasına boşluk geçiş ihtimalinin açısal dağılımlarını aynı geometride birinci ve ikinci kısımda elde edilen M X-ışını diferansiyel tesir kesitleri kullanılmıştır. L_3 tabakasından M tabakasına boşluk geçiş ihtimallerinin açısal dağılımı, Lu, Hf, Ta, W, Os, Pt, Au, Hg, Tl, Pb, Bi, Th ve U elementleri için elde edilmiş ve elde edilen sonuçlar teorik değerlerle karşılaştırılmıştır.

Çalışmamızın son kısmında, atom numarası $65 \leq Z \leq 92$ aralığında olan bazı elementlerin $L\ell, L\alpha, L\beta$ ve $L\gamma$ X-ışını lineer polarizasyon derecesi ve $L\ell$ anizotropik parametresi ölçülmüştür. Literatürde karakteristik L X-ışınlarının polarizasyon dereceleri ile ilgili teorik ve deneysel sonuçlar mevcut olmadığı için karşılaştırılmamıştır.

2002, 145 sayfa

Anahtar Kelimeler: X-ışını flüoresans, boşluk transfer ihtimaliyeti, tesir kesitleri, fotoiyonizasyon, X-ışını polarizasyonu

ABSTRACT

The differential cross-sections for the emission of M-shell fluorescence X-rays for elements atomic range $71 \leq Z \leq 92$ using 5.96 keV photons have been measured at seven angles ranging from 120° to 150°. It is found that differential cross-sections in decrease with increase in the emission angle showing anisotropic spatial distribution of M-shell fluorescence X-rays. The obtained results have been compared with the theoretical values.

At second section of our work, the differential cross-sections for the emission of M and L shell fluorescence X-rays for elements atomic range $71 \leq Z \leq 92$ have been measured using K X-rays of Zn, Ga, Ge, As, Se, Br, Rb, , Nb, and Mo respectively at the same angles ranging and same geometry. Energies of K X-ray are above the L_3 edge but below L_2 edge energies of the respective target elements under reference, therefore the M X-rays are produced not only due to direct interaction of incident photons with M shell electrons but also due to the decay of L_3 subshell vacancies to M shell.

At third section of our study, in order to obtain the experimental angular distributions of L_3 subshell vacancies to M shell from the measured angular distribution of M shell fluorescence X-ray differential cross-sections obtained first section and second section at the same geometry of our work have been used. Angular distributions of vacancy transfer probabilities from L_3 subshell to M shell have been also obtained for the elements The obtained results have been compared with the theoretical values.

$L\ell$ anizotropy parameter and the lineer polarization degree of $L\ell, L\alpha, L\beta,$ and $L\gamma$ X-rays of some elements in the atomic range $65 \leq Z \leq 92$ have been measured. Because the polarization degrees of characteristic L X-rays is not found in the literature the comparison has been not made with experimental and theoretical results.

2002, 145 pages
Keyword: X-ray fluorescence, vacancy transfer probability, cross-sections, photoionization, X-ray polarization.

İÇİNDEKİLER

SİMGELER DİZİNİ

A_ℓ	Anizotropi parametresi
ε	Dedektör verimi
a_ℓ	Açısal dağılım katsayıları
I_0	Uyarıcı radyasyonun şiddeti
Γ_{CK}	Coster-Kronig genişliklerin($\Gamma_R + \Gamma_A$) toplamı
$\sigma_K^p(E)$	E enerjisindeki K tabakası fotoiyonizasyon tesir kesiti
$P_\ell(\cos\theta)$	2. dereceden Legendre polinomu
η	Boşluk geçiş ihtimaliyeti
E_c	İletkenlik bandının hemen altındaki enerji
eV_c	Valans bandının hemen üstündeki enerji
ω	Flüoresans verim
N	Fotopik altındaki net sayım
G	Geometri faktörü
β	Hedef materyal için öz-soğurma düzeltmesi
Γ_R	Işımalı geçiş atomik seviye genişliği
Γ_A	Işımasız geçiş atomik seviye genişliği
J	Toplam açısal momentum
k	Boltzmann sabiti
μ	Kütle soğurma katsayısı
σ_M	M-tabakası flüoresans tesir kesiti
N_1	Birim hacimde temel haldeki atomların sayısı
t	Numunenin kalınlığı
P	Lineer polarizasyon yüzdesi
α	Polarizelik katsayısı
R	Polarizatörün hassaslığı
T	Sıcaklık (K, °C)
W	Deplasyon bölgesi

1. GİRİŞ

Bir atomik iç tabakada bir boşluk meydana getirildiği zaman, atom ışımalı ve ışımasız geçişlerle bozunabilir. Bu bozunmalarda primer iç tabaka boşluğu daha üst tabaka veya alttabakalara geçebilir veya ilave boşluklar meydana gelebilir. Boşluk geçiş ihtimali, meselâ, L_3 alttabakasından M tabakasına boşluk geçiş ihtimali η_{L_3M}, L_3 alttabakasında bulunan bir boşlukla ışımalı ve ışımasız geçişlerle M_i alttabakasında üretilen primer boşlukların ortalama sayısı olarak tanımlanır. Boşluk geçiş ihtimalleri, nükleer elektron yakalama, gama ışınlarının dahili dönüşümü, fotoelektrik olay, karakteristik X-ışınlarının üretilmesi, ışımalı ve ışımasız geçiş ihtimalleri ve temel iç tabaka iyonizasyonunu tanımlayan daha güvenilir teorik modellerin geliştirilmesi gibi temel çalışmalarda oldukça önemlidir.

X-ışını flüoresans tesir kesiti, uyarıcı radyasyon başına hedef atomların karakteristik X-ışınlarının ($K\alpha, K\beta, L\ell, L\alpha, L\beta, L\gamma, M\xi,...$) yayınlanması ihtimalinin bir ölçüsü olup ilgilenilen tabakanın flüoresans verimi ve fotoiyonizasyon tesir kesitinin çarpımı olarak tanımlanır. Tesir kesiti, göz önüne alınan numuneye veya elemente bağlı olduğu kadar gelen radyasyonun enerjisine ve saçılma açısına da bağlıdır.

Değişik fotoiyonizasyon enerjilerinde farklı elementlerin K, L, M, tabaka/ alttabaka X-ışını flüoresans tesir kesitleri ve flüoresans verimlerinin ölçülmesi, atom, molekül ve radyasyon fiziği araştırmalarında, tahribatsız testlerde, elementel X-ışını flüoresans analizlerinde, tıbbî araştırmalarda ve kanser tedavisinde oldukça önemlidir (Hubbell et al. 1994). Ayrıca bu ölçümler, fotoiyonizasyon tesir kesitleri, sıçrama oranları (jump ratio) ve X-ışını emisyon oranlarının direkt kontrolünü sağlaması ve temel iç tabaka iyonizasyon kavramını tanımlayan daha güvenilir teorik modeller geliştirilmesinde önemlidir.

Atomun bozunma işlemlerinden biri de Coster-Kronig geçişler olup, bu geçişler atomdaki en hızlı geçişlerdir. Bu geçişler, bir atomik tabakadaki alttabakalar arasındaki elektronik geçişlerden meydana gelirler ve f^X_{ij} ile gösterilirler. Bu X-tabakasının X_j alttabakasındaki bir elektronun X_i alttabakasındaki boşluğu doldurma ihtimalini belirtir. Coster-Kronig geçişler, temel atom fiziği ve uygulamalarında önemlidir. Bu geçişlerde primer boşluk dağılımının değişmesinden dolayı L, M, N,

... çizgi şiddetleri de bu dağılımdan etkilenir. Bu nedenle spektrokimyasal analizlerde bu tür geçiş ihtimallerinin doğru tahmin edilmesi gerekir.

İyon, parçacık veya foton uyarımında, toplam açısal momentumu $J > 1/2$ olan seviyelerin iyonizasyon ihtimali, şua yönüne göre yörüngenin dünenlenişine (oryantasyonuna) bağlıdır. Farklı $|m_j|$ değerlerine sahip gelen manyetik seviyeler farklı nüfüzlanma (popülasyona) veya popülasyon ihtimaline sahip olur. Bu farklı nüfüzlanma (*alignment*) emisyonun anizotropisine ve X-ışınlarının (veya Auger elektronlarının) polarizasyonuna sebep olur. Bu anizotropi X-ışını fluoresans tesir kesiti, flüoresans verim ve şiddet oranları vs. ölçümlerini etkileyebilir. Çünkü bireysel çizgi şiddeti ölçümleri radyasyonun polarizasyon derecesine bağlıdır ve iyon, parçacık ya da foton enerjisi ile değişir. Bu nedenle X-ışını şiddet ölçümlerinden atomik parametrelerin elde edilmesinde bu etki göz önüne alınmalıdır. Bu tür çalışmalar foto uyarımı tanımlamak için kullanılan modellerin geçerliliğini test etme açısından da önemlidir.

Değişik enerjide farklı iyonlarla farklı elementlerin atomlarının iç tabakalarında yaratılan boşluk seviyelerinin alignmenti teorik ve deneysel olarak kapsamlı bir şekilde incelenmesine rağmen fotoiyonizasyonla boşluk seviyelerinin yaratılması ile ilgili benzer çalışmalar oldukça azdır. İyon-atom çarpışmalarıyla yaratılmış boşluk seviyelerinin aligmenti iyi tanımlanmıştır. Genelde, iyonlarla iyonizasyondan sonra boşluk seviyelerinin ardışık olarak bozunmasıyla yayınlanan radyasyonun gözlenen polarizasyonu ve uzaysal anizotropisi teorik olarak tahmin edilen alignmentle uyuşmaktadır. Ancak fotoiyonizasyonla yaratılmış boşluk seviyelerinin alignmentinin teorik tahminleri tutarsızdır ve deneysel olarak gösterilmemiştir.

Mevcut teoriler fotoiyonizasyon ve iyon-atom çarpışması sonucu boşlukların bozunumu konusunda aynı sonuçları vermemektedir. Cooper ve Zare'ye (1968) göre farklı manyetik altseviyeler için X-ışını emisyonunun uzay dağılımı herzaman izotropiktir. Scofield, J. H. (1976) in teorik hesaplamaları ise farklı manyetik altseviyeler için X-ışınlarının uzaysal dağılımının farklı olduğunu göstermiştir. Fotoiyonizasyondan sonra iç tabaka boşluk seviyelerinin toplam açısal momentumu J=1/2 den büyükse manyetik altseviyelerin populasyon ihtimali aynı değildir. Böylece Flugge (1972) nin hesaplamalarına göre sadece fotoiyonizasyondan sonra J=1/2 olan boşluk seviyelerinden (K tabakası, L_1, L_2, M_1 ve M_2 alttabakaları vs.) kaynaklanan flüoresans X-ışınları izotropik ve unpolarize olacak, J=3/2 (L_3, M_3 ve M_4 alttabakaları) ve J=5/2 (M_5 alttabakası) olan boşluk seviyelerinin doldurulmasından yayınlanan flüoresans X-ışınları ise anizotropik bir uzay dağılımına sahip olacak ve polarize olacaktır.

Yapılan birkaç deney (Ertuğrul et al. 1995, Ertuğrul et al. 1995 ve Kahlon et al. 1990) ikinci teoriyi destekler gözükmektedir. Yani fotoiyonizasyon sonucu oluşan $J > 1/2$ olan boşluk seviyeleri izotropik olabilir. Buna göre, J=3/2 olan L_3 durumundan kaynaklanan $L\ell$ ve $L\alpha$ X-ışını gruplarının anizotropik ve polarize olmasına karşın, J=1/2 olan L_1 ve L_2 seviyelerden kaynaklanan $L\gamma$ X-ışını gruplarının izotropik ve unpolarize olabilir

Bu konuda yapılan deneysel ve teorik çalışmaların sayıca ve çalışılan elementler bakımından yetersiz olması ve hem deneysel hem de teorik sonuçların tutarsızlığı bu konuda yeni ve daha kapsamlı çalışmaların yapılmasını gerekli kılmaktadır. Ayrıca boşluk transfer ihtimallerinin açıya bağımlılığı bildiğimiz kadarıyla çalışılmamış olup bu yeni bir çalışmadır. Teorik çalışmaların doğruluğunu test etmek ve deneysel ve teorik çalışmalar arasındaki tutarsızlıklara çözüm getirmek için bazı orta ve ağır elementlerin farklı enerjili fotonlarla, farklı açılarda iyonizasyonundan sonra toplam açısal momentumu J >1/2 olan seviyelerinden yayınlanan radyasyonun anizotropisi foton-uyarımlı flüoresans spektroskopisi ile incelenecektir. Böylece L_i- ve M_i-alttabaka flüoresans X-ışınlarının açısal dağılımı ve polarizasyonu elemente, foton enerjisine ve uyarma açısına göre kapsamlı bir şekilde incelenmiştir.

Işımalı geçiş ihtimalleri için relativistik ve nonrelativistik hesaplamalar Toylor ve Payne (1990) tarafından yapılmıştır. Bu hesaplamaların birçoğunda, hidrojenik dalga fonksiyonları kullanılmıştır. X-ışını emisyon oranları relativistik (Flügge, et al. 1972 ve Scofield, J. H., 1974), nonrelativistik Hartree-Slater (Manson ve Kennedy, 1974) ve relativistik Hartree-Fock dalga fonksiyonları kullanılarak hesaplanmıştır (Anholt ve Rasmussen, 1974, Scofield, 1974 ve Scofield, 1974). Ortalama boşluk dağılımı Rao ve diğerleri (1972) tarafından hesaplanmıştır. Bununla beraber boşluk transfer ihtimallerinin direkt ölçülmesi ile ilgili çalışmalar oldukça azdır (Ertuğrul et al. 1997, Puri et al. 1993, Durak ve Özdemir 1998 ve Durak ve Özdemir 2000).

Bulum ve Kleinpopen (1979) da atom fiziğinde elektron-foton açısal ilişkisini teorik olarak çalışmışlar ve aynı ikili 1983'de atomları ağır parçacıklarla uyarma yöntemiyle açısal ilişkiyi açıklamak için teorik modeller ileri sürmüşlerdir. Bazı araştırmacılar K ve L X-ışınları arasındaki ilişkiyi (Catz 1970, Catz and Macias 1971, Zalutsky and Macias 1974, Zalutsky et al. 1975, Zalutsky and Macias 1975, Papp et al. 1993) çalışmışlardır. L X-ışınlarının açısal dağılımını teorik olarak (Cooper ve Zare 1968, Cooper ve Manson 1969, Scofield 1976, Berozhko ve Kabachnik 1977, Berozhko et al. 1978, Berozhko et al. 1980, Berozhko et al. 1981, Kabachnik and Kondratyev 1988, Scofield 1989, Scofield 1991), incelemiş (Scnöler and Bell 1978, Jitschin et al. 1976, Palinkas et al. 1980, Ricther et al. 1981, Palinkas 1981, Barros et al. 1982, Jitschin et al. 1982,

Papp ve Kocbach 1987, Papp ve Palinkas 1988, Fou 1988, Papp et al. 1991, ve Papp et al., 1991), hızlandırılmış protonlarla (Sadner and Schmitt 1978, Tamimasu 1980 ve Hino and Watanabe 1988), elektronlarla (Berinde et al. 1984, ve Folkmann et al. 1984) iyonlarla ve (Kahlon et al. 1990, Kahlon et al. 1990, Kahlon et al. 1991 ve Papp et al. 1992) fotonlarla uyarmak süretiyle deneysel olarak çalışmışlardır. L X- ışınlarının diferansiyel tesir kesitleri farklı uyarma metotları kullanılarak araştırılmıştır (Papp et al. 1993, Sud ve Moattar 1990, Sandner ve Theodosiou 1990, Hithachiet al. 1991). Ertuğrul et al. (1995) ise 59,5 keV'lik uyarma enerjisi için Hg, Tl, ve Pb için L X-ışınlarının diferansiyel tesir kesitinin açısal bağımlılığı incelenmiştir.

Çalışmamızın ilk kısmında yapılan geniş literatür taramasında, atom numarası $71 \leq Z \leq 92$ aralığında olan elementlerin M X-ışını diferansiyel tesir kesitinin açısal dağılımı ile ilgili çok az çalışma (Kahlon et al. 1993, Demir et al. 2000) bulunmasından dolayı ve L_3-alttabakasından M-tabakasına boşluk geçiş ihtimallerinin açısal dağılımı ile ilgili literatürün bulunmamasından dolayı, atom numarası $71 \leq Z \leq 92$ aralığında olan elementler için aynı geometride sadece M-tabakası uyarıldığında ve hem L_3-alttabakası hem de M-tabakası aynı anda uyarıldığında, M X-ışını diferansiyel tesir kesitlerinin açısal dağılımı, toplam M X-ışını tesir kesiti ve L_3-alttabakasından M-tabakasına (η_{L_3M}) boşluk geçiş ihtimallerinin açısal dağılımı ölçülmüştür.

Foton uyarımlı karakteristik X-ışınlarının lineer polarizasyonlarının ölçülmesi ilgili az sayıda çalışma vardır. Ertuğrul et al. (2001) foton uyarımı ile $K\alpha$ ve $K\beta$ X-ışınlarının polarizasyon derecesi ve $K\alpha / K\beta$ şiddet oranlarına polarizasyon etkisini araştırmıştır. Kahlon et al. (1991) ise sadece toryum ve uranyum için foton uyarımı ile L X-ışınlarının polarizasyonu ve açısal dağılımını incelemiştir. Bu çalışmada atom numarası $65 \leq Z \leq 92$ aralığında olan elementlerin $L\ell, L\alpha, L\beta$, ve $L\gamma$ X-ışınlarının polarizasyon derecesi ölçülmüştür.

2. KURAMSAL TEMELLER

2.1. Uyarma olayı

Herhangi bir yolla atomdan elektron söküp, iyonlaşma meydana getiren her olaya uyarma diyebiliriz. Uyarılan atom, yörünge elektronlarının yeniden düzenlenmesinde genellikle foton yayınlar ve bu fotona karakteristik X-ışını denir. Bu ışınların spektrumlarına X- ışını flüoresans spektrumu adı verilir. Atomlar, çalışmanın amacına göre uyarılır (Durak ve Özdemir 2001, Pajek et al. 1990, Jesus et al.1989, He et al. 1997, Orlić et al. 1998).

2.2. Atomların uyarılma mekanizmaları

Dış etkiler olmadığı sürece atomların hepsi enerjilerinin minimum değerine karşılık gelen temel halde olur. Atomlar, uyarılmış hallere yalnız dış etkiler sonucu geçebilir. Atomların genel uyarılma mekanizmalarını şu şekilde sıralayabiliriz (Kulli-Zade ve Tektunalı 1995).

2.2.1. Sıcaklık ile uyarma

Birim hacimde N sayıda aynı tür atom bulunduğunu varsayalım. Eğer sıcaklık mutlak sıfırda olursa, bu atomların hepsi temel halde olur. Sıcaklık mutlak sıfırdan büyük olduğunda, atomların bir kısmı temel halden uyarılmış hallere (enerji seviyelerine) göre dağılırlar. Bu olaya sıcaklık ile uyarma denir.

Sıcaklık ile uyarılan atomların elektromanyetik enerji yayınlanmasına sıcaklık radyasyon yayınlanması adı verilir. Sıcaklık arttıkça, sıcaklık radyasyon yayınlanmasının şiddetinin artacağı açıktır.

Termodinamik denge halinde atomların farklı enerjili seviyelerine göre dağılması Boltzmann kanunu ile verilir. Bu kanun, birim hacimdeki m ve i uyarılmış seviyelerdeki atomların sayısı için aşağıdaki şekilde yazılabilir.

$$N_m = N_i \frac{g_m}{g_i} \exp\left[-\frac{E_m - E_i}{kT}\right] \tag{2.1}$$

Burada; g_m, g_i, E_m ve E_i sırasıyla m ve i uyarılmış enerji seviyelerin istatistik ağırlıkları ve enerjileri, k Boltzmann sabiti, T ise sıcaklıktır. (2.1) ifadesindeki sıcaklık, atomların uyarılmış enerji seviyelerine göre dağılımı karakterize eder ve uyarılma sıcaklığı diye adlandırılır.

Benzer olarak, atomun temel ve herhangi bir m uyarılmış seviyesi için aynı kanunu yazalım:

$$N_m = N_1 \frac{g_m}{g_i} \exp\left[-\frac{E_m - E_i}{kT} \right] = N_1 \frac{g_m}{g_1} \exp\left[\frac{\varepsilon_m}{kT} \right] \qquad (2.2)$$

(2.1) ve (2.2) ifadelerinden görüldüğü gibi $T \to 0$'a yaklaştıkça, $N_m \to 0$'a yaklaşır. Yani sıcaklık sıfıra yaklaştıkça, herhangi bir uyarılmış haldeki atomların sayısı sıfıra yaklaşır. Başka bir değişle, atomların hepsi temel halde olur.

Termodinamik denge koşulunda, sıcaklığın istenilen bir değerinde

$$N_1 > N_2 > N_3 >,..., \qquad (2.3)$$

olur. Burada N_1, birim hacimde temel halde olan atomların sayısı, N_2, N_3,... ise sırasıyla birinci, ikinci,... uyarılmış haldeki atomların sayısıdır.

2.2.2. Optik uyarma

Atomlar optik yollarla da uyarılabilirler. Temel halde bulunan atomlar, üzerlerine düşen ışık fotonlarını soğurarak temel halden uyarılmış hallere geçebilir. Atomun temel halden herhangi bir uyarılmış hale geçmesi için, üzerine düşen fotonun enerjisinin, söz konusu seviyenin uyarılma enerjisinden küçük olmaması gerektiği açıktır. Eğer atom üzerine düşen fotonun enerjisi, seviyenin iyonlaşma enerjisinden küçük değilse atom elektron kaybeder veya iyonlaşır. Bu olaya fotoiyonizasyon denir.

Uyarılmış seviyelerin yaşam süresi çok kısadır. Bu nedenle optik uyarma bittikten sonra atom bir süre elektromanyetik ışınım yayınlar. Optik yolla uyarılmış atomların elektromanyetik ışınım yayınlanmasına, fotolüminesans denir. Foto uyarma bittikten sonra ışınım yayınlanması kısa süre devam ederse yayınlanma flüoresans diye adlandırılır.

Atom belli ν frekanslı fotonları soğurarak temel halden herhangi bir hale uyarılırsa ve hemen aynı frekanslı foton yayınlayarak tekrar temel hale geçerse, elektromanyetik radyasyon yayınlamasına rezonans yayınlanması denir. Rezonans yayınlanmasına karşılık gelen spektral çizgilere, rezonans çizgiler olarak adlandırılır. Rezonans çizgiler atomun temel ve ona en yakın uyarılmış seviyeleri arasında meydana gelir ve buna göre atomun en şiddetli çizgileridir.

Şekil 2.1 de NaI'un spektrumunda meydana gelen D_1 ve D_2 rezonans çizgilerine karşılık gelen geçişler gösterilmektedir.

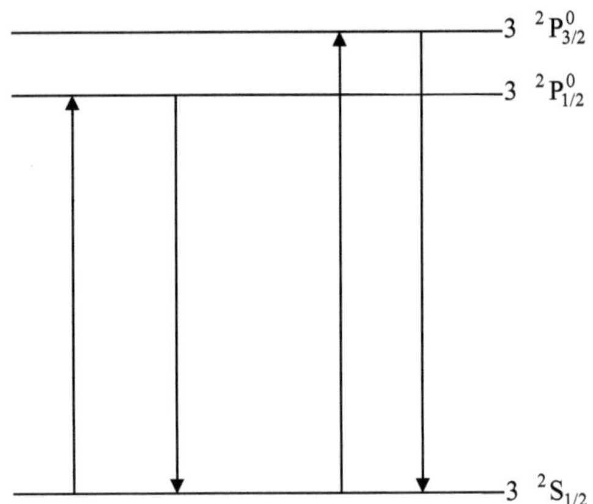

Şekil 2.1. Rezonans çizgiler

2.2.3. Çarpışma ile uyarma

Atomun uyarılma mekanizmalarından biri de çarpışma ile uyarmadır. Çarpışan parçacıkların (atomlar, iyonlar, elektronlar,...) kinetik enerjisi, atomun uyarılma enerjisinden küçük değilse, atom bu enerjiyi ya kısmen ya da tamamen soğurarak temel halden uyarılmış hallere geçebilir.

Çarpışma ile uyarmaya, spektroskopide ışık kaynakları gibi kullanılabilen gaz boşalmaları iyi bir örnek olarak gösterilebilir. Bu durumda uyarıcı parçacıklar rolünü elektrik alanda hızlanan elektronlar oynar.

2.3. Elektromanyetik radyasyon

Radyo dalgaları, kızılötesi ışınları, görünür ışık ve X-ışınları birer elektromanyetik radyasyondur. Elektromanyetik dalgalar uzayda dalgalar halinde yayılırlar.

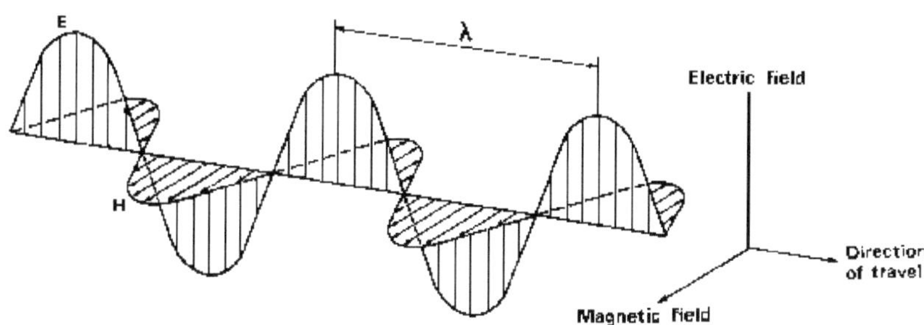

Şekil 2.2. Elektromanyetik dalga

Elektromanyetik dalganın, dalganın hareket yönüne ve birbirine dik bir elektrik birde manyetik alan bileşeni vardır. Dalga boyu λ ile gösterilir ve birbirini izleyen iki dalganın aynı tipteki noktaları arasındaki uzaklıktır. Dalga boyları ne olursa olsun vakumda bütün dalgalar aynı hızlarda hareket ederler. Bu ışık hızıdır ve $c = 3x10^8$ m/s dir. Elektromanyetik radyasyonun frekansı ν bir saniyedeki titreşim sayısıdır;

$$\nu = \frac{c}{\lambda} \qquad (2.4)$$

Dalga sayısı $\bar{\nu}$, ise 1 cm' deki titreşim sayısıdır ve

$$\bar{\nu} = \frac{1}{\lambda} \qquad (2.5)$$

eşitliği ile verilir. Elektromanyetik dalgaların dalga boyları için değişik birimler kullanılır. En çok kullanılan birim Angstrom ($\mathring{A}$) dur. Angstrom, SI birim sisteminde yer almadığından son yıllarda "nanometre (nm)" kullanılmaya başlanmıştır.

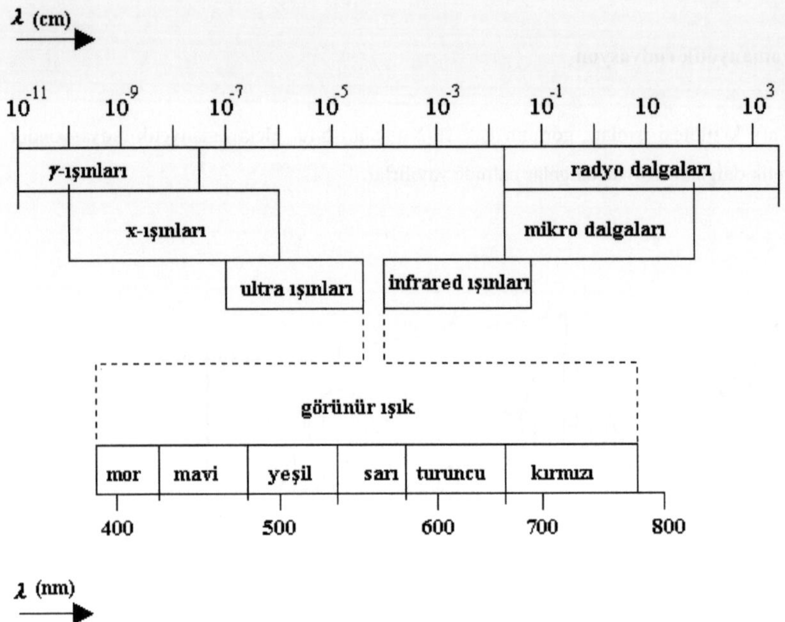

Şekil 2.3. Elektromanyetik radyasyon tipleri

Elektromanyetik radyasyon tipleri dalga boylarına göre şekil 2.3 'de gösterildiği gibi ifade edilebilir. $\gamma-$ ışınları radyoaktif çekirdekler tarafından ve belirli nükleer tepkimeler süresince yayınlanan elektromanyetik dalgalardan, X-ışınları bir metal hedefi bombardımana tabi tutan yüksek enerjili elektronların yavaşlamasından ve bağlı iç yörünge elektronlarının dış yörüngelere uyarılması neticesinde atomun temel hale dönerken yayınladığı ışınlardan, morötesi ışınlar başlıca güneş ve güneş yanıklarından, kızılötesi ışınlar sıcak cisimler ve moleküllerden, mikro dalgalar ve radyo dalgalar ise bir iletken üzerinden şiddetti ve yönü zamana göre periyodik olarak değişen bir elektrik akımı geçirilmesi ve böylece elektrik ve manyetik alanının periyodik olarak değişime uğraması neticesinde oluşur. Görünen ışığın dalga boyu 4000-8000 Å arasındadır. Bu iki sınır arasında olan ışınları gözümüzle farklı renklerde görürüz. Dalga boyu;

4000-4600 Å arasındaki ışık mor

4600-4800 Å arasındaki ışık mavi

4800-5200 Å arasındaki ışık yeşil

5200-5600 Å arasındaki ışık sarı

5600-6600 Å arasındaki ışık turuncu

6600-8000 Å arasındaki ışık kırmızı

olarak görülür.

Elektromanyetik spektrumda, farklı bölgelerdeki elektromanyetik dalgaların dalga boyu, frekansı ve enerjisi çizelge 2.1'de karşılaştırılmıştır.

Çizelge 2.1. Elektromanyetik spektrumunda, farklı bölgelerdeki elektromanyetik dalgaların dalgaboyu, frekansı ve enerjisi

Foton bölgesi	Dalgaboyu	Frekans (Hz)	Foton enerjisi
Radyo dalgaları	1 km	$3x10^5$	1 neV
Mikro dalgalar	1 cm	$3x10^{10}$	120 μeV
Kızılötesi	10 μm	$3x10^{13}$	120 meV
Görünür	550 nm	$5x10^{14}$	2 eV
Morötesi	100 nm	$3x10^{15}$	12 eV
X-ışınları	0,05 nm	$6x10^{18}$	25 keV
Gama Işınları	0,00005 nm	$6x10^{21}$	25 MeV

2.4. Moseley kanunu

X-ışını ve optik spektrumlar arasındaki farklardan birisi de, X-ışını spektrumlarının Z'ye göre değişimi düzgün iken optik spektrumlarda beklenmedik birtakım değişimlerin olmasıdır. X-ışını spektrumunun düzgün bir değişim göstermesi bunların karakteristiklerinin esasen iç tabaka elektronlarının bağlanma enerjilerine bağlı olmasındandır. Atom numarasının artmasıyla bağlanma enerjileri daha büyük nükleer yükten dolayı düzenli biçimde artar ve dış tabakalardaki elektron sayılarından etkilenmezler. X-ışını spektrumlarındaki bu düzenlilik ilk defa Moseley tarafından gözlenmiştir. Moseley birçok element için $K\alpha$ ve $L\alpha$ çizgilerinin dalga boylarını buldu. İlk çizgi K tabakasından L tabakasına boşluk geçişlerde, ikinci çizgi ise L tabakasından M tabakasına boşluk geçişler sonucu yayınlanır. Moseley deneysel $K\alpha$ ve $L\alpha$ çizgilerinin frekansı için aşağıdaki eşitlikleri elde etmiştir.

$$K\alpha \quad \text{için} \quad \nu = R_{\infty}c(Z-1)^2 \tag{2.6}$$

$$L\alpha \quad \text{için} \quad \nu = R_{\infty}c(Z-7,4)^2 \tag{2.7}$$

Burada R_∞, sonsuz kütleli bir atom için Rydberg sabiti olup değeri $2\pi^2 me^4 / ch^3$=109737,31 cm^{-1}'dir. Moseley sonuçlarını atomun Bohr teorisini göz önüne alarak sunmuş ve deneylerle doğrulamıştır. Bohr teorisi n baş kuantum sayısı ile belirlenen bir tabakadaki elektronun enerjisinin,

$$E_n = -R_\infty hc \frac{Z^2}{n^2} \tag{2.8}$$

olduğunu söylemektedir. n baş kuantum sayısıyla belirlenen bir seviyedeki elektronun buradan sökülmesi için gerekli uyarma enerjisi $|E_n|$ ile verilir. Bir boşluk n_i seviyesinden n_f son seviyesine geçtiğinde yayınlanan X-ışını fotonunun E enerjisi,

$$E = R_\infty hcZ^2 (\frac{1}{n_i^2} - \frac{1}{n_f^2}) \tag{2.9}$$

ifadesiyle verilmektedir. Bu ifadeye göre yayınlanan fotonun ν frekansı ile enerjisi arasında, $E = h\nu = h\frac{c}{\lambda}$ ilişkisi vardır. Böylece,

$$\frac{hc}{\lambda} = R_\infty hcZ^2 (\frac{1}{n_i^2} - \frac{1}{n_f^2}) \tag{2.10}$$

veya

$$\frac{1}{\lambda} = R_\infty Z^2 (\frac{1}{n_i^2} - \frac{1}{n_f^2}) \tag{2.11}$$

ifadesi elde edilir. $K\alpha$ için $n_i = 1$ ve $n_f = 2$, $L\alpha$ için $n_i = 2$ ve $n_f = 3$'tür. Buna göre Bohr teorisi $K\alpha$ ve $L\alpha$ için aşağıdaki eşitlikleri ortaya koymaktadır.

$K\alpha$ için $$\frac{1}{\lambda} = \left[R_\infty (\frac{1}{1^2} - \frac{1}{2^2}) \right] Z^2 \tag{2.12}$$

$L\alpha$ için $$\frac{1}{\lambda} = \left[R_\infty (\frac{1}{2^2} - \frac{1}{3^2}) \right] Z^2 \tag{2.13}$$

Eşitliklerde R_∞ ile gösterilen sabit (2.6) ve (2.7) eşitliklerinde tanımlandığı gibidir. Bohr eşitliklerindeki Z^2 terimi yerine Moseley'inkilerde $(Z-1)^2$ ve $(Z-7,4)^2$ gelmektedir. Bu durum Moseley tarafından çekirdeğin yükünün etkisinin atomik elektronlar tarafından değiştirilmesi anlamına gelen perdeleme etkisi olarak izah edilmiştir. Moseley'e göre $K\alpha$ çizgisinin yayınlanmasında bir boşluk K'dan L'ye geçtiğinde K'da kalan bir elektron geçiş süresince çekirdeği perdeleyecek ve etkin yük (Z-1) olacaktır. Benzer şekilde L'den M'ye boşluk geçişinde K ve L'de kalan dokuz elektron çekirdeği perdeleyecektir. Bununla beraber, $L\alpha$ çizgisinin yayınlanmasında bu perdeleme tam olarak (Z-9) olmayıp etkin yük (Z-7,4) olmaktadır. Bu durum Hartree teorisinde açıklanmaktadır.

2.5. Kuantum sayıları ve atomik yörüngeler

Elektronların atomda çekirdek etrafında nasıl dizildiğini ve bunu belirleyen kuralları anlamak için atomdaki enerji düzeylerini ve bunları belirlemek için kullanılan kuantum sayılarını bilmek gerekir. Scrödinger denkleminin çözümüne göre bu kuantum sayıları baş kuantum sayısı n, yörünge kuantum sayısı ℓ, ve manyetik kuantum sayısı m_ℓ dir. Bu kuantum sayısından başka bir kuantum sayısı ise spin kuantum sayısı m_s dir.

i. Baş kuantum sayısı (n): Bohr kuantum kuramında olduğu gibi n=1,2,3,... değerleri alabilir. Sayıların yanısıra tabakaları göstermek için harflerde kullanılır. n=1 ise birinci enerji seviyesini, n= 2 ise ikinci enerji seviyesini gösterir.

Baş Kuantum Sayısı (n)	1	2	3	4	5	...
Tabakaları gösteren harfler	K	L	M	N	O	...

ii. Yörünge kuantum sayısı (ℓ): Baş kuantum sayısı ile tanımlanmış enerji seviyeleri daha alt enerji seviyeleri içerirler. Bir enerji seviyesindeki alt enerji seviyelerinin sayısı n-1 tanedir. Örneğin n=1 ise, alt enerji seviyeleri $\ell = 1 - 1 = 0$ olup yoktur. n=2 için, $\ell = 2 - 1 = 1$ olup bir alt enerji seviyesi bulunması anlamına gelir. Bir tabakadaki alttabakaların sayısı baş kuantum sayısına eşittir. Alt tabakaları göstermek için harflerde kullanılır.

Yörünge kuantum sayısı (ℓ)	0	1	2	3	4	...
Alttabakaları gösteren harfler	s	p	d	f	g	...

iii. Manyetik kuantum sayısı (m_ℓ)**:** Her alttabaka ise bir veya daha fazla orbitalden oluşmuştur. Herbir alttabakada bir yörünge manyetik kuantum sayısı (m_ℓ) ile gösterilir. Manyetik kuantum sayısı –1 ile 1 arasında değer alırlar. Bu nedenle $\ell = 0$ ise; m_ℓ=0 değerini alır. $\ell = 1$ ise; m_ℓ= -1, 0, 1 değerlerini alır.

Enerji seviyeleri, alt enerji seviyeleri ve yörüngeler enerji düzeyleri için;

- Tabaka enerjisi, n kuantum sayısı artıkça artar.
- Kuantum sayısı n artıkça tabakalar arasındaki enerji farkı azalmaktadır. 3. enerji seviyesinden başlayarak alttabakalarının birbirine karıştığı gözlenir.

Baş kuantum sayısı		Yörünge kuantum sayısı		Manyetik kuantum sayısı	Alttabakalardaki yörünge sayısı
n	Tabaka	ℓ	Alt tabaka	m_ℓ	-
1	K	0	1s	0	1
		0	2s	0	1
2	L	1	2p	-1, 0, 1	3
		0	3s	0	1
3	M	1	3p	-1, 0, 1	3
		2	3d	-2,-1, 0, 1, 2	5
		0	4s	0	1
		1	4p	-1, 0, 1	3
4	N	2	4d	-2,-1, 0, 1, 2	5
		3	4f	-3,-2,-1, 0, 1, 2, 3	7

iv. **Spin kuantum sayısı (s):** Yukarıda ifade ettiğimiz kuantum sayılarına ek olarak spin kuantum sayısı elektronun kendi ekseni etrafında dönmesi sonucu ortaya çıkar ve dönme hareketinin iki yönde olması nedeniyle sadece $s = -1/2$ ve $s = 1/2$ değer alabilir. Spin kuantum sayısı, atom spektrumlarında gözlenen çizgilerin ince yapısını yapısını açıklamak için getirilen öneriler sonucu ortaya çıkmıştır.

Elektronlar çekirdekten belli uzaklıklarda çekirdek etrafında dönerler. Çekirdeğin yakınındaki yörüngelerde bulunan elektronlar çekirdekten daha uzak yörüngelerde bulunan elektronlara göre daha düşük enerjiye sahiptirler. Atomik yapı içerisinde sadece ayrık (discrete) enerji değerlerinin bulunduğu bilinmektedir. Dolayısıyla elektronlar çekirdekten sadece bu ayrık uzaklıklarda dönmek zorundadır. Her bir ayrık uzaklık (yörünge yada orbit) belli bir enerji seviyesine karşılık gelir. Bir atomda yörüngeler, kabuklar (shells) olarak bilinen enerji bantları şeklinde gruplaşmıştır. Verilen bir atomun sabit bir kabuk sayısı vardır. Her bir kabuk izin verilen enerji seviyelerin (orbitlerin) de sabit bir maksimum elektron sayısına sahiptir. Bir kabukta enerji seviyeleri arasındaki fark kabuklar arasındaki enerji farkına kıyasla çok küçüktür. Kabuklar K, L, M, N, ve bunun gibi harflerle adlandırılırlar. Örneğin K çekirdeğe en yakın olan kabuğu belirtmektedir.

Klasik mekanikten bildiğimiz üzere, bir sistemin toplam enerjisi $E < 0$ ise kuvvet çekici olup yörünge kapalı, yani daire veya elips şeklinde, $E \geq 0$ ise kuvvet itici olup yörünge açık, yani parabol veya hiperbol şeklindedir. Atomlarda elektronların bağlanma enerjileri Bohr atom modeline göre;

$$E_n \;\alpha\; -\frac{1}{n^2} < 0 \tag{2.14}$$

şeklinde verildiğinden yörüngeler kapalı olmalıdır. Bir elektronun toplam açısal momentumu $J = 1/2$ ise elektronun yörüngesi dairesel, $J > 1/2$ ise eliptiktir. Elektronun dolandığı yörüngenin yarıçapı,

$$r_n \;\alpha\; n^2 \tag{2.15}$$

olduğundan farklı n değerleri için yörüngelerin şekilleri aynı, büyüklükleri farklıdır. Şekil 2.4'de n kuantum sayısı için mümkün olan elektron yörüngelerinin geometrik şekilleri görülmektedir.

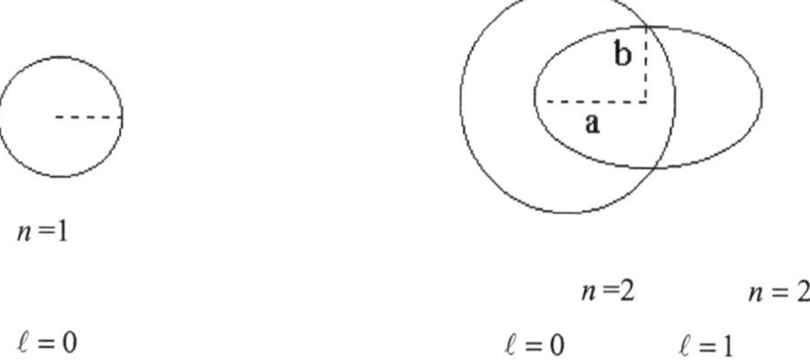

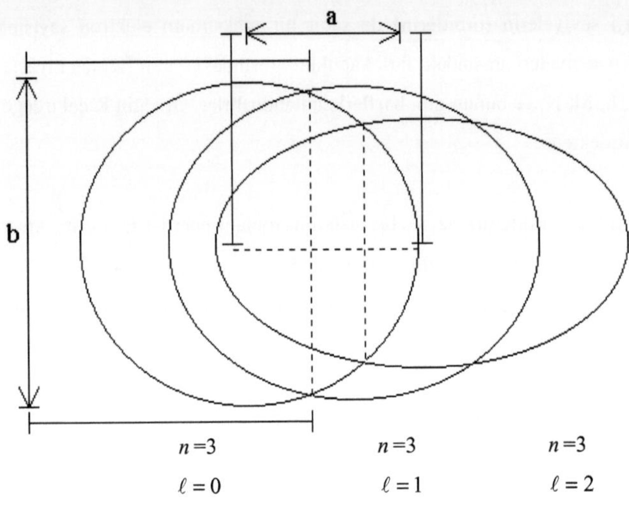

Şekil 2.4. Elektron yörüngelerinin geometrik şekilleri

Hidrojene benzer bir atomun kararlı durumunun dalga fonksiyonu

$$\Psi_{n\ell m} = R_{n\ell}(r)\, Y_{\ell}(\theta)\, Z_{m}(\Phi) = N_{n\ell m} e^{-\rho/2} \rho^{\ell} L_{n+\ell}^{2\ell+1}(\rho) \rho_{\ell}^{m}(\cos\theta)\, e^{im\Phi},$$

$$(n = 1,2,3...;\ 0 \le \ell < n;\ -\ell \le m \le \ell;\ \ell, m \ \text{tam sayı}) \tag{2.16}$$

ile verilir. Burada $N_{n\ell m}$ normalize faktörü ve ρ

$$\rho = Zr / a_0 \tag{2.17}$$

ile verilir. Buradaki a_0 ilk Bohr yörünge yarıçapıdır. Sadece n'ye bağımlı olan bir seviyenin enerjisi

$$E_n = -R_{\infty} hc \frac{Z^2}{n^2}, \quad n = 1, 2, 3, ... \tag{2.18}$$

ile verilir. Şayet spin de dikkate alınırsa bir atomdaki elektronlar dört kuantum sayısı ile tanımlanabilir. Enerjiler n (baş kuantum sayısı) ile belirlenir. Bir çekirdeğe bağlı olan bütün elektronlar için n ve ℓ bir atomun (veya iyonun) elektronik konfigrasyonunu oluşturur. Elektronik kuantum durumlarına elektronların dağılımı aşağıdaki düşüncelere göre belirlenir.

1. İlk olarak en düşük enerji seviye doldurulmasını gerektiren termodinamik düşünceye göre

2. Pauli'nin Dışarlama ilkesine göre bir atomda iki elektron aynı kuantum sayısına sahip olamaz.

m_ℓ $-\ell$ ile $+\ell$ arasında $2\ell+1$ farklı değerlerini aldığı için herhangi bir alt kabuk $2(2\ell+1)$ kadar elektron ihtiva edebilir ve m_s $-1/2$ veya $+1/2$ değerlerini alabilir. Böylece $\Psi_{n\ell m_s}$ birkaç durum aynı enerji E_n (dejenere) durumuna sahiptir. Bir atomda normal elektron konfigrasyonu $1s^2$ $2s^2$ $2p^6$ $3s^2$ $3p^6$ $3d^{10}$ $4s^2$... gibi tarif edilir. Bir tabakadaki toplam elektron sayısı

$$\sum_{\ell=0}^{n-1} 2(2\ell+1) = 2n^2 \tag{2.19}$$

Atomik spektrumlarını tartışmak için, spin yörünge etkileşmelerini hesaba katmak gereklidir. Bunun için, toplam açısal momentum kuantum sayısı $j=\ell+1$ ve $+j$ den $-j$ e kadar bütün tamsayılara sahip olan m_j kuantum sayısı gibi iki farklı kuantum sayısı belirlemek uygundur. $\ell \geq 1$ olan herbir alttabaka daha alttabakalara ayrılabilir. Örneğin $2p\,(n=2, \ell=1)$ alttabakası $2p_{1/2}(n=2, \ell=1, j=1/2)$ ve $2p_{3/2}\,(n=2, \ell=1, j=3/2)$ altabakalara ayrılabilir. Böylece $L\,(n=2)$ tabakası , $2s_{1/2}(n=2,\ \ell=0, \mathrm{j}=1/2)$, $2p_{1/2}$ ve $2p_{3/2}$ üç altabakaya sahiptir. Bunlara spektroskopik terimler denir.

Bir atomda iç yörünge elektronlarının bağlanma enerjileri dış yörünge elektronlarına göre büyüktür. Şayet bir iç yörünge elektronu atomdan sökülürse, uyarılmış atom iyonlaşmaya nazaran mekanik olarak kararsız hale gelir. Bu durum elektron bulutunun yeniden düzenlenmesine sebep olur ve bu düzenlenmeyle kararlı bir iyon oluşur. Atomdaki elektronlar arasında etkileşmeler zayıf olduğu için, böyle bir olayın ihtimaliyeti oldukça küçüktür. Sonuç olarak, uyarılmış bir atomun yaşam süresi τ, uzundur. Bundan dolayı $\Delta E \sim \hbar/\tau$ o kadar küçük olur ki, hidrojene benzer bir atomun yarı kararlı ayrık enerji düzeyleri gibi bir boşluk meydana gelmiş atom gibi ifade etmek uygundur. X-ışını emisyonunu sebep olan bu seviyeler arası geçişlere X- ışını terimleri denir.

2.6. Elektrik dipol seçim kuralları

Seçim kuralları, atom ve molekül spektrumlarının izahı için çok önemlidir. Atomların enerji seviyeleri arasında sadece elektrik dipol geçişlere rastlanmaz. Bunların dışında manyetik dipol, elektrik kuadropol, elektrik dipol moment ve ışımasız (çarpışmalı) geçişlere de rastlamak mümkündür. Atomik iki enerji seviyesi arasındaki geçişlerden yayınlanan radyasyonun, elektrik yada manyetik tipte olup olmadığı açısal momentumun ve paritenin korunumdan bulunabilir. Parite deyimi, bir dalga fonksiyonunun uzayda bir tersinim altındaki davranışını ifade eder. Seçim kurallarında, hangi tipte bir geçişin olduğunu anlamak için sadece açısal momentumun korunumuna ilaveten geçişin ilk ve son enerji seviyelerine göre bağıl paritelerine bakmalıyız. Seviyelere eşlik eden pariteyi π ile gösterirsek, $\pi = (-1)^{\ell}$ değerine eşittir ve burada ℓ yörünge kuantum sayısıdır. Paritede değişim olduğu durumlarda $\Delta\pi$ vardır. Seçim kurallarında gerekli geçiş şartları çizelge 2.2'de verilmiştir.

Çizelge 2.2. Seçim kurallarında geçiş şartları

Elektrik dipol	Manyetik dipol	Elektrik kuadropol	Elektrik dipol moment
$\Delta\pi$ var	$\Delta\pi$ yok	$\Delta\pi$ yok	$\Delta\pi$ var
$\Delta n \neq 0$	$\Delta n \neq 0$	$\Delta n \neq 0$	$\Delta n \neq 0$
$\Delta\ell = \pm 1$	$\Delta\ell = 0$	$\Delta\ell = 0, \pm 2$	$\Delta m = 0, \pm 1$
$\Delta J = 0, \pm 1$	$\Delta J = 0, \pm 1$	$\Delta J = 0, \pm 1$ veya ± 2	-
$J : 0 \overset{/}{\longleftrightarrow} 0$	$J : 0 \overset{/}{\longleftrightarrow} 0$	$J : 0 \overset{/}{\longleftrightarrow} 0$ $J : 1/2 \overset{/}{\longleftrightarrow} 1/2$ $J : 0 \overset{/}{\longleftrightarrow} 1$	-

Tabloda, π parite, n baş kuantum sayısı, ℓ yörünge kuantum sayısı, J toplam açısal momentum ve m manyetik kuantum sayısını belirtmektedir.

2.7. Işımalı ve ışımasız geçişler

Atom içerisindeki elektronların düzenlenmesi ve tabakalardaki bölüşümü hakkında en iyi bilgiler, atomların verdikleri spektrumların incelenmesi sonucu elde edilir. Atomlarda çeşitli yollarla sökülen iç tabaka elektronları, ışımalı ve ışımasız geçişler yaparak yeniden düzenlenmektedir. Kesim 2.6'da bahsedildiğimiz üzere elektrik dipol geçişlerin yasak olduğu durumlar vardır. Elektrik dipol geçiş kuralına yasak olan bir geçiş manyetik dipol, elektrik dipol moment veya elektrik kuadropolle oluşabilir. Bu olaylar esnasında enerji seviyeleri arasındaki fark kadar enerji dışarıya yayınlanır. Bu olaya ışımalı geçiş denir. Şayet uyarılmış bir atom enerjisini ışıma yaparak salmak yerine, başka bir atomla çarpışarak ona aktarıyorsa buna ışımasız geçiş denir. İyonize olmuş atomun elektronlarının yeniden düzenlenmesi sırasında Auger olayı ve Coster-Kronig geçişler de meydana gelebilir. Auger ve Coster-Kronig geçişler ışımasız geçişlerdir.

2.8. Bir multipletde emisyon çizgilerinin relatif şiddetleri

Spektral çizgilerin relatif şiddetleri, ya pik şiddetleri yada onların şiddet dağılım eğrileri altındaki alan ile belirlenebilir. n, ℓ single biçimdeki ilk seviyeler ile n', ℓ' single biçimdeki son seviyeler arasındaki geçişlere karşılık gelen spektral çizgiler grubuna X-ışını multipleti denir.

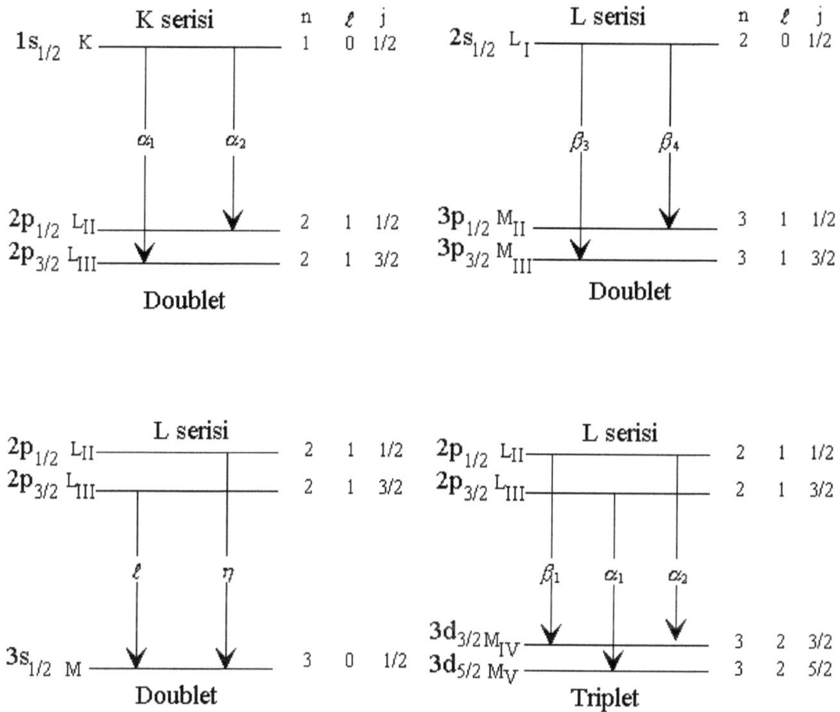

Şekil. 2.5. Multiplet örnekleri

Bu basit bir örnek ilk veya son seviye single olduğu zaman sağlanır. Şekil 2.5'de gösterildiği gibi basit $K\alpha_1, \alpha_2$, $L\beta_3, \beta_4$, ve $L\ell, \eta$ doubletleri multiplet geçişlerdir. Ayrıca $L\beta_1, \alpha_1, \alpha_2$ geçişleri triplettir. Emisyon çizgisinin şiddeti

$$I(i,f) \sim \nu_{fi}^{\ 4} F_i g_i r^2(i,f) \tag{2.20}$$

ile verilir. Burada F_i, cm^3 başına bir elektron için iyonizasyon ihtimaliyetidir. ν_{fi} elektronun i. seviyesinden j. seviyesine geçişi esnasında yayınlanan X-ışınının frekansı, r atomik geçişteki ilk ve son seviyeler arasındaki uzaklıktır ve g_i, gözönüne alınan seviyenin oluşmasına sebep olan farklı mümkün olan yönelimlerin sayısını veren, i seviyesinin istatistik ağırlığıdır. Burada ν_{fi}^4 ve F_i parametreleri birbirlerine yakın bir multipletdeki çizgiler için aynı alınabilir. Böylece bir multiplet'in çizgilerinin etkin relatif şiddeti iki parametreye bağlı olur ve

$$I(i,f) \sim g_i r^2 (i,f) \tag{2.21}$$

ile verilir. Bir Multipletteki herhangi bir çizginin relatif şiddetini hesaplamak için *Burger-Dorgela-Ornstein*'ın toplam kuralı kullanılır. Bu kural bir multipletin ilk yada son seviyeleri arasındaki yarılma sıfıra indirgenebilirse frekansları aynı olan çizgiler için $g_i r^2 (i,f)$ niceliklerinin toplamının indirgenmemiş seviyelerin istatistik ağırlıkları ile orantılı olacağını ifade eder. j kuantum sayısı ile karakterize edilen bir terimin g istatistik ağırlığı $2j+1$ dır. $K\alpha_1\ \alpha_2$ doubletine *Burger-Dorgela- Ornstein* kuralını uygulayalım. Burada bir seviye vardır ve indirgenme işlemi geçerli değildir. Bu yüzden $I(K\alpha_1)/I(K\alpha_2)$ siddetti için

$$\frac{I(K\alpha_1)}{I(K\alpha_2)} = \frac{g_K r^2(\alpha_1)}{g_K r^2(\alpha_2)} = \frac{g_{L_{III}}}{g_{L_{II}}} = \frac{2 \text{x} \frac{3}{2} + 1}{2 \text{x} \frac{1}{2} + 1} = 2 \tag{2.22}$$

yazılabilir. Bazı elementlerin $I(K\alpha_1)/I(K\alpha_2)$ şiddet oranları,

Element	^{26}Fe	^{29}Cu	^{40}Zr	^{47}Ag
$I(K\alpha_1)/I(K\alpha_2)$	0,500	0,497	0,502	0,499

olur. Bu kural birçok elementler için deneysel sonuçlarla ile iyi uyuşur. Şayet j değerleri 3/2 ve 1/2 olan $K\beta_1$ ve $K\beta_3$ pikleri iyi ayrışıyorsa bunların şiddet oranları da 2/1 olacaktır. Aynı şekilde *Burger-Dorgela- Ornstein* kuralını $L\beta_1\ \alpha_1\ \alpha_2$ tripletine uygularsak, burada M_{IV} ve M_V seviyelerinin aralığı sıfır kabul edersek (2.22) kuralına göre

$$\frac{I(L\alpha_1)+I(L\alpha_2)}{I(L\beta_1)}=\frac{g_{L_{III}}r^2(\alpha_1)+g_{L_{III}}r^2(\alpha_2)}{g_{L_{II}}r^2(\beta_1)}=\frac{g_{L_{III}}}{g_{L_{II}}}=\frac{2}{1} \qquad (2.23)$$

olur. L_{II} ve L_{III} seviyelerinin aralığını sıfır kabul edersek, bu durumda

$$\frac{I(L\alpha_1)+I(L\beta_{12})}{I(L\alpha_1)}=\frac{g_{L_{III}}r^2(\alpha_2)+g_{L_{II}}r^2(\beta_1)}{g_{L_{III}}r^2(\alpha_1)}=\frac{g_{M_{IV}}}{g_{M_V}}=\frac{2\frac{3}{2}+1}{2\frac{5}{2}+1}=\frac{2}{3} \qquad (2.24)$$

(2.23) ve (2.24) eşitliklerinden

$$I(L\alpha_1)+I(L\alpha_2)=2I(L\beta_1)\ , \qquad I(L\alpha_2)+I(L\beta_1)=\frac{2}{3}I(L\alpha_1)$$

$$I(L\alpha_1):L(\alpha_2):I(L\beta_1)=9:1:5=100:11:56 \qquad (2.25)$$

Bu şiddet oranlarının aşağıdaki literatür deneysel değerler ile uyuşmaktadır.

Element	^{42}Mo	^{47}Ag	^{74}W	^{78}Pt
$I(L\alpha_1):L(\alpha_2):I(L\beta_1)$	100:13:62	100:12:59	100:11,5:52	100:11,4:51

Benzer hesaplamalar aşağıdaki teorik değerleri verir.

K serisi : $\alpha_1:\alpha_2=\beta_1:\beta_2=2:1$

L serisi : $\gamma_3:\gamma_2=\beta_3:\beta_4=\ell:\eta=\beta_6:\gamma_5=2:1$

$\alpha_1:\alpha_2:\beta_1=\beta_2:\beta_{15}:\gamma_1=9:1:5$

$\beta_5:\beta_6=2:1$

M serisi : $\alpha_1:\alpha_2:\beta_1=20:1:14$ (2.26)

2.9. X-ışını flüoresans olayı ve enerji seviyeleri

X-ışınları 10^{-2}-10^{2} Å aralığında kısa dalga boyuna sahip elektromanyetik dalgalardır. Bunlar yüksek enerjili elektronların yavaşlatılması veya atomun iç yörüngelerinde oluşan boşluklara elektron geçişinden meydana gelirler. Yüksek enerjili elektronların madde içerisinde adım adım yavaşlaması neticesinde meydana gelen X-ışınlarına sürekli veya Bremsstrahlung ışınları adı verilmektedir. β ışınları, iç dönüşüm elektronları, Compton geri tepme elektronları ve Auger elektronları sürekli X-ışını spektrumu verirler. Atomunun bağlı iç yörünge elektronlarının dış yörüngelere uyarılması neticesinde çekirdeğe yakın bir kabukta meydana gelen boşluk daha dış tabakalarda elektronlarca doldurulur. Bu geçişler esnasında yayınlanan X-ışınlarına da karakteristik X-ışınları adı verilir. Bu X-ışınları çizgi spektrumu oluşturur. Bu durum Şekil 2.6'da sodyum atomu için şematik olarak gösterilmiştir.

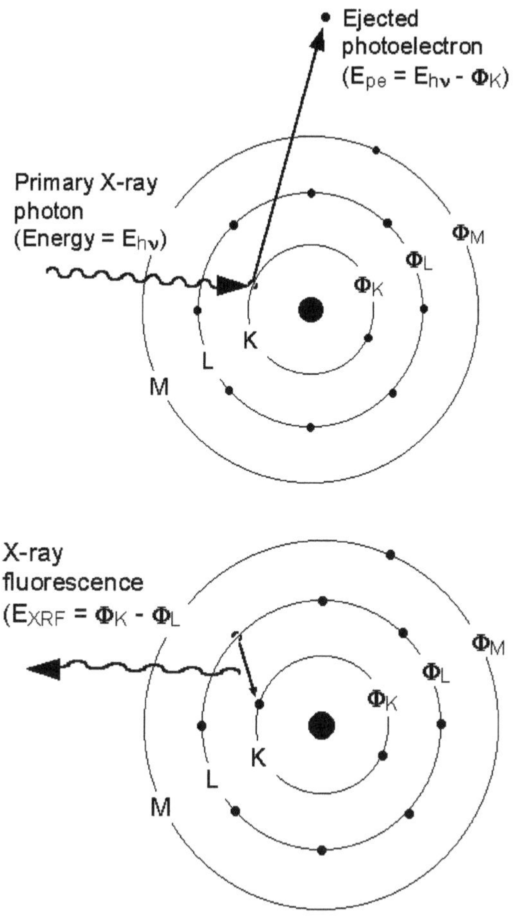

Şekil. 2.6. Sodyum atomunda (11 proton, 11 elektron) flüoresans olayının şematik olarak gösterimi

K tabakasındaki boşluk diğer tabakaların alttabakalarındaki elektronlar tarafından doldurulduğunda yayınlanan fotonların Siegbahn ve IUPAC (International Union of Pure and Applied Chemistry) gösterimleri (Jenkins et al. 1991) çizelge 2.3'de ve yaygın olarak kullanılan enerji seviyeleri ve X-ışını çizgileri şekil 2.7'de gösterilmiştir.

Çizelge 2.3. X-ışını diyagram ve non-diyagram çizgilerinin Siegbahn ve IUPAC gösterimleri

Siegbahn	IUPAC	Siegbahn	IUPAC	Siegbahn	IUPAC	Siegbahn	IUPAC
$K\alpha_1$	$K-L_3$	$L\alpha_1$	L_3-M_5	$L\gamma_1$	L_2-N_4	$M\alpha_1$	M_5-N_7
$K\alpha_2$	$K-L_2$	$L\alpha_2$	L_3-M_4	$L\gamma_2$	L_1-N_2	$M\alpha_2$	M_5-N_6
$^*K\alpha_3$	$K-L_1$	$L\beta_1$	L_2-M_4	$L\gamma_3$	L_1-N_3	$M\beta$	M_4-N_6
$K\beta_1$	$K-M_3$	$L\beta_2$	L_3-N_5	$L\gamma_4$	L_1-O_3	$M\gamma$	M_3-N_5
$K\beta_2'$	$K-N_3$	$L\beta_3$	L_1-M_3	$L\gamma_4'$	$L_1\_O_2$	$M\xi_1$	M_5-N_3
$K\beta_2''$	$K-N_2$	$L\beta_4$	L_1-M_2	$^*L\gamma_{2,3}'$	$L_1-N_{4,5}$	$M\xi_2$	M_4-N_2
$K\beta_3$	$K-M_2$	$L\beta_5$	$L_3-O_{4,5}$	$^*L\gamma_{11}$	L_1-N_5	Mm	M_1-N_2
$^*K\beta_4'$	$K-N_5$	$L\beta_6$	L_3-N_1	$L\gamma_5$	$L_2\_N_1$		
$^*K\beta_4''$	$K-N_4$	$L\beta_7$	L_3-O_1	$L\gamma_6$	$L_2\_O_4$		
$^*K\beta_{4x}$	$K-N_4$	$L\beta_7'$	$L_3-N_{6,7}$	$L\gamma_8$	L_2-O_1		
$^*K\beta_5'$	$K-M_5$	$^*L\beta_9$	L_1-M_5	$L\gamma_8'$	L_2-N_6		
$^*K\beta_5''$	$K-M_4$	$^*L\beta_{10}$	L_1-M_4	$L\eta$	L_2-M_1		
		$L\beta_{15}$	L_3-N_4	Ll	L_3-M_1		
		$^*L\beta_{17}$	L_2-M_3	$^*Ls$	L_3-M_3		
				$^*Lt$	L_2-M_2		
				$^*Lu$	$L_3-N_{5,6}$		
				$^*Lv$	$L_2-N_{6,7}$		

*Gözlenen yasaklı çizgiler.

2.10. Flüoresans verim, flüoresans tesir kesitleri ve önemi

K, L, veya M tabakasında veya (alttabakasında) bir boşluk meydana getirilmiş olan atom, ya bir X – ışını fotonu veya Auger elektronlarının yayınlanması ile temel hale geçebilir (deeksite olabilir). Bir atomik tabakanın deeksitasyonu flüoresans verimle karakterize edilir ve bir tabakadaki boşluğun ışımalı geçişle doldurulması ihtimali olarak tanımlanır. Atom, molekül ve radyasyon fiziği çalışmalarında, elementel X-ışını flüoresans analizleri, tıbbî araştırmalar ve kanser tedavisi gibi değişik uygulama alanlarında doğru flüoresans verim bilgisine ihtiyaç vardır (Durak 1998, Durak ve Özdemir 2000, Durak ve Özdemir 2001).

Herhangi bir olayın meydana gelme ihtimaliyetinin ölçüsüne tesir kesiti denir. Suni radyoizotopların üretilmesinde, soğurmada, saçılmada veya herhangi bir nükleer reaksiyonda gelen şuadaki parçacıklar hedef çekirdeğe çarptığı zaman neler olabileceği ihtimaliyetini ifade etmek için tesir kesitine ihtiyaç duyulur.. Tesir kesiti deneysel olarak ölçülebilen ve teorik değerlerle karşılaştırılabilen bir ifade olduğundan atomik ve nükleer işlemlerin ayrıntılı olarak incelenmesine imkan sağlar. Bu nicelik, ışının madde ile etkileşmesine bağlı olarak, soğurma tesir kesiti, saçılma tesir kesiti vs. olarak isimlendirilebilir (Durak 1998, Durak ve Şahin 1997, Durak et al. 1995, Durak et al. 1997, Durak et al. 1997, Durak et al. 1998, Durak ve Özdemir 1998, Durak ve Özdemir 2000, Durak ve Özdemir 2000, Özdemir ve Durak 2000, Şahin et al., 1994, Ertuğrul et al. 1995, Erzeneoğlu et al. 1995, Kurucu et al 1994, Ertuğrul et al. 1994, Erzeneoğlu et al. 1996, Erzeneoğlu et al. 1998, Kurucu et al. 1998, Budak et al. 1999, Karabulut et al. 1999). Tesir kesitinin tam olarak bilinmesi, reaktör zırhlama, endüstriyel radyografi, tıbbî fizik, enerji taşıma ve depolama, radyasyon soğurma katsayılarının hesaplanmasında, ayrıca farklı elementlerin değişik fotoiyonizasyon enerjileri karakteristik K, L ve M tabaka ve alttabaka X- ışını flüoresans tesir kesitlerinin deneysel olarak ölçülmesi, atomların yapısı, yaş tayini, tahribatsız miktar testlerinde, ilaç sanayii gibi fiziksel ve kimyasal birçok alanda kullanılmaktadır. Ayrıca bu ölçümler, fotoiyonizasyon tesir kesitleri, sıçrama oranı, X – ışını yayınlama hızları ve flüoresans verim gibi fiziksel parametrelerin doğrudan kontrolünü sağlar. Karakteristik X-ışını tesir kesiti, her element için ayrı uyarıcı radyasyon tipi ve enerjisinde ayırtedici bir özelliktir. dt kalınlığına sahip ince bir levhanın birim yüzeyi üzerine N parçacıktan (veya ışından) ibaret bir parçacık (veya ışın) şuasının düştüğünü farzedelim. Maddenin birim hacminde n atom varsa ve maddedeki toplam N atomdan, N_S tanesi etkileşmede bulunursa etkileşme tesir kesiti,

$$\sigma = \frac{N_S}{Nnt}$$

şeklinde ifade edilir. Buradan, $N_S = Nnt\sigma$ olur. Tesir kesitinin birimi barn'dır ve $1b=10^{-24}$ cm^2 olarak tanımlanır.

2.11. Coster-Kronig geçişleri

Bir atomik tabaka veya alt tabakanın flüoresans verimi, bu tabaka veya alttabakada herhangi bir yolla meydana getirilmiş bir boşluğun ışımalı geçişle doldurulması ihtimali olarak tanımlanır. Bir boşluklu atom uyarılmış durumdadır. Bu seviyenin genişliği Γ ise seviyenin τ ortalama ömrü Γ

$=\hbar/\tau$ bağıntısı ile verilir. Burada Γ genişliği, Γ_R ışımalı genişlik, Γ_A ışımasız genişlik ve Γ_{CK} Coster-Kronig genişliklerinin toplamıdır. Böylece ω floresans verimi,

$$\omega=\Gamma_R/\Gamma \quad (2.27)$$

ile verilebilir. Çok atomlu bir numunenin K, L, M,... gibi herhangi bir tabakasının floresans verimi, bu tabakadaki bir boşluğun bir Auger elektronu emisyonu ile değil de, bir X- ışını emisyonu ile doldurulması ihtimaliyeti olarak tanımlanır ve ω_K, ω_L, ... ile gösterilir. Normal olarak iki $s_{1/2}$ elektronu bulunduran K tabakası için floresans verim ise, K tabakasında meydana getirilen bir boşluğun bir X – ışını yayınlanarak doldurulması ihtimaliyeti olarak tanımlanır ve

$$\omega_K=I_K/n_K=[n(K\alpha_1)+n(K\alpha_2)+n(K\beta_1)+n(K\beta_2)+...]/n_K \quad (2.28)$$

ile verilir. Burada I_K yayınlanmış K X – ışınları sayısı ve n_K ise K tabakasındaki primer boşluk sayısıdır. Daha yüksek atomik tabakaların floresans verimlerinin tanımı iki sebepten dolayı karmaşıktır:

1- K tabakasının üstündeki tabakalardaki elektronlar farklı açısal momentum kuantum sayısına sahip olduğundan birden fazla alttabakadan meydana gelmiştir. Böylece ortalama floresans verim, genelde tabakanın nasıl iyonize edildiğine bağlıdır. Çünkü farklı iyonizasyon metotları farklı primer boşluk sayısına sebep olur.

2- Aynı baş kuantum sayısına sahip bir atomik tabakanın alttabakaları (meselâ L_I, L_{II}, L_{III}) arasındaki geçişler olan Coster – Kronig geçişleri, bu alttabakalardan birisinde oluşturulmuş bir primer boşluğun, bu boşluk bir diğer geçişle doldurulmadan önce daha yüksek bir alttabakaya kaymasına sebep olur.

Herhangi bir yolla X tabakasının (X=L, M, N,...) x_i alt tabakasında meydana getirilmiş bir boşluğun x_j alt tabakasına kayma ihtimali f_{ij}^x ile gösterilmektedir. Örneğin, f_{12}^L Coster-Kronig geçişi, $2p_{1/2}$ (L_2 alt tabakası)'den $2s_{1/2}$ (L_1 alt tabakası)'ye bir elektron geçişi ihtimaliyetidir. Daha önce de ifade edildiği üzere, Coster-Kronig geçişleri ışımalı ve ışımasız olarak iki kısımdan ibarettir. Bunlar, f_{ij}^x'in ışımalı kısmı olan f_{ij}^x (R) ve f_{ij}'nin ışımasız kısmı olan f_{ij}^x (A) dır. Burada,

$$f_{ij}^x(R) << f_{ij}^x(A) \quad (2.29)$$

dır.

Herhangi bir X tabakasının i. ve j. alt tabakaları arasındaki Coster- Kronig (intra – shell hole transfer) geçiş ihtimalleri,

$$f_{ij}^{x}= f_{ij}^{x}(R)+ f_{ij}^{x}(A) \qquad (2.30)$$

ile verilmektedir. Coster-Kronig geçişlerin olmaması durumunda X tabakası için ortalama floresans verim

$$\overline{\omega}_X=\sum_{i=1}^{k} N_i^X \omega_i^X \qquad (2.31)$$

ile verilir. Burada N_i^X, X tabakasının i. alt tabakasındaki bağıl primer boşluk sayısıdır ve

$$N_i^X=\frac{n_i^X}{\sum n_i^X} \quad \text{ve} \quad \sum_{i=1}^{k} N_i^X=1 \qquad (2.32)$$

ile verilir. ω_i^X ise X tabakasının i. alttabakasının floresans verimidir. Denklem (2.31) ve (2.32)'deki toplamlar, X tabakasının tüm k alttabakaları üzerindendir. X tabakasındaki boşlukların toplam sayısını n_X ile gösterirsek

$$n_X=\sum_{i}^{k} n_i^X \qquad (2.33)$$

ile verilebilir. Bu durumda X tabakası ortalama floresans verimi $\overline{\omega}_X$

$$\overline{\omega}_X=\frac{I_X}{n_X} \qquad (2.34)$$

şeklinde ifade edilebilir ve bu denklem (2.28) denkleminin benzeridir. Burada I_X, yayınlanmış X – tabakası karakteristik fotonlarının sayısıdır. Bu ifade, primer boşluk dağılımının değişmediği yani Coster-Kronig geçişlerin olmadığı durumlar için geçerlidir. Eğer primer boşluk dağılımı, bu boşluklar daha üst tabakalardan geçişlerle doldurulmadan önce, Coster-Kronig geçişlerle değişirse bu denklemler uygulanamaz. Coster-Kronig geçişleri izah etmede iki alternatif yaklaşım gözönüne alınabilir:

1- $\bar{\omega}_X$ ortalama floresans verim, Coster-Kronig geçişlerle değişmiş bir V_i^X boşluk dağılımlı ω_i^x alttabaka floresans verimlerinin lineer kombinasyonu olarak aşağıdaki şekilde yazılabilir. Bu metot başlangıçtan itibaren ω_i^x alttabaka floresans verimlerinin elde edilmesi bakımından avantajlıdır ve gerçek fiziksel durumlara yaklaşık olarak uyar.

$$\bar{\omega}_X = \sum_{i=1}^{k} V_i^X \omega_i^X \qquad (2.35)$$

Burada V_i^X katsayısı, Coster-Kronig geçişlerle herbir alttabakaya kaymış geçişleri ihtiva eden X_i alttabakasındaki boşlukların bağıl sayısını gösterir ve

$$\sum V_i^X > 1 \qquad (2.36)$$

denklemine uyar. V_i^X'lerin toplamı, X_i alttabakasında meydana getirilmiş boşlukların bazılarının, Coster - Kronig geçişlerle daha üst tabakalara kaydığından ve böylece bir defadan fazla sayıldıklarından, birden büyüktür. Bir boşluğun bir X_i alttabakasından daha üst bir X_j alttabakasına kayması, Coster – Kronig geçiş ihtimali f_{ij} ile gösterildiğinden V_i^X niceliği, N_i^X bağıl primer boşluk sayısı cinsinden

$$\begin{aligned}
V_1^X &= N_1^X \\
V_2^X &= N_2^X + f_{12}^X N_1^X \\
V_3^X &= N_3^X + f_{23}^X N_i^X + \left(f_{13}^X + f_{12}^X f_{23}^X\right) N_1^X \qquad (2.37) \\
&. \\
&. \\
&. \\
V_k^X &= N_k^X + f_{k-1,k}^X N_{k-1}^X + \left(f_{k-2,k-1}^X f_{k-1,k}^X\right) N_{k-2}^X + \ldots + \left(f_{1k}^X + f_{12}^X f_{2k}^X + f_{12}^X f_{23}^X f_{3k}^X + \ldots\right) N_1^X
\end{aligned}$$

olarak yazılabilir.

2- $\overline{\omega}_X$ ortalama floresans verim için bu ifade N_i^X primer boşluk dağılımı ve özel olarak tanımlanmış v_i^x katsayılarının lineer kombinasyonu olarak yazılabilir. Bu metot, verilen bir deney için primer boşluk sayısı biliniyorsa deneysel açıdan daha uygundur. Bu yaklaşıma göre bir X tabakasının ortalama floresans verimi,

$$\overline{\omega}_X = \sum_{i=1}^{k} N_i^X v_i^x \tag{2.38}$$

şeklinde ifade edilebilir. Burada v_i^x katsayısı X_i alttabakasındaki primer boşluk başına meydana gelen X–tabakası karakteristik X-ışınlarının toplam sayısını temsil etmektedir. $V_i^X \omega_i^X$ ve $N_i^X v_i^X$ çarpımları eşit değildir. Sadece, denklem (2.35) ve (2.36) de görüldüğü gibi, çarpımların toplamı $\overline{\omega}_X$ ortalama floresans verime eşittir. $V_i^X \omega_i^X$'in fiziksel tanımından da görüldüğü gibi bu nicelik, bir X tabakasının herhangi bir alt tabakasındaki boşluk sayısı başına i. alttabakaya daha üst tabakalardan ışımalı geçişlerin sayısını belirtir. Diğer taraftan $N_i^X v_i^X$ niceliği ise i. alttabakadaki boşluk sayısı başına X tabakasının tüm alttabakalarına geçişlerde yayınlanan X–ışınlarının sayısını belirtir. v_i^X katsayıları (2.36), (2.37) ve (2.38) denklemlerindeki ω_i^X alttabaka floresans verimleri arasındaki dönüşüm denklemleri

$$
\begin{aligned}
v_1^X &= \omega_1^X + f_{12}^X \omega_2^X + \left(f_{13}^X + f_{12}^X f_{23}^X\right)\omega_3^X + \ldots + (f_{1k}^X + f_{12}^X f_{2k}^X + f_{13}^X f_{3k}^X + \ldots \\
&\quad + f_{1,k-1}^X f_{k-1,k}^X + \ldots)\omega_k^X \\
&\cdot \\
&\cdot \\
&\cdot \\
v_{k-1}^X &= \omega_{k-1}^X + f_{k-1,k}^X \omega_k^X \\
v_k^X &= \omega_k^X
\end{aligned} \tag{2.39}
$$

ile L tabakasında ilk ve son boşluk dağılımları ise

$$V_1^L = N_1^L \tag{2.40}$$

$$V_2^L = N_2^L + f_{12}^L N_1^L \tag{2.41}$$

$$V_3^L = N_3^L + f_{23}^L N_2^L + \left(f_{13}^L + f_{12}^L f_{23}^L\right) N_1^L \tag{2.42}$$

ile verilir. Yine L tabakası için v_i^X katsayıları ve ω_i^X alttabaka floresans verimleri arasında

$$v_1^L = \omega_1^L + f_{12}^L\omega_2^L + \left(f_{13}^L + f_{12}^L f_{23}^L\right)\omega_3^L \qquad (2.43)$$

$$v_2^L = \omega_2^L + f_{23}^L\omega_3^L \qquad (2.44)$$

$$v_3^L = \omega_3^L \qquad (2.45)$$

bağıntıları vardır.

2.12. Auger olayı

Atomlarda herhangi bir yolla meydana getirilen boşluk, diğer üst tabaka elektronları tarafından ışımalı olarak doldurulduğu gibi ışımasız olarak da doldurulabilir. Auger olayında yayımlanan ışın, atomun üst tabakalarda bulunan bir elektronu sökerek atom iki kez iyonlaşmış duruma geçer. Bu olaya Auger olayı, yayımlanan elektrona da Auger elektronu denir.

Herhangi bir x tabakasının x_i alt tabakasına ait Auger verimi bu alt tabakada meydana getirilmiş bir boşluğun diğer üst tabaka elektronları tarafından ışımasız geçiş ile doldurulması ihtimaliyeti olarak tarif edilir ve a_i^x şeklinde gösterilir. Buna göre Auger verimi, floresans verim ve Coster-Kronig verimleri arasında

$$\omega_i^x + a_i^x + \sum_{j=i+1}^{k} f_{ij}^x = 1 \qquad (2.46)$$

bağıntısı vardır (Öz et al. 2000).

K tabakası için

$$\omega_K + a_K = 1 \qquad (2.47)$$

ve L tabakası için ise,

$$\omega_1 + a_1 + f_{12} + f_{13} = 1 \qquad (2.48)$$

$$\omega_2 + a_2 + f_{23} = 1 \qquad (2.49)$$

$$\omega_3 + a_3 = 1 \qquad (2.50)$$

şeklinde verilir.

2.13. Polarizasyon (kutuplanma) olayı

Polarizasyon (kutuplanma) olayı elektromanyetik dalganın enine doğasının kesin kanıtıdır. Çünkü enine dalgalar polarize olurlar. Bir elektromanyetik dalga atom ve moleküllerden yayınlanan çok sayıda dalgalardan ibarettir. Elektromanyetik dalganın polarizasyon yönü, $\vec{E}$ elektrik alan vektörünün titreşim yaptığı yön olarak tanımlanır. Fakat bütün yönlerde titreşim mümkün olduğundan, bileşke elektromanyetik dalga, her bir atomik dalganın ürettiği dalgaların üst üste gelmesi (süperpozisyonu) dir.

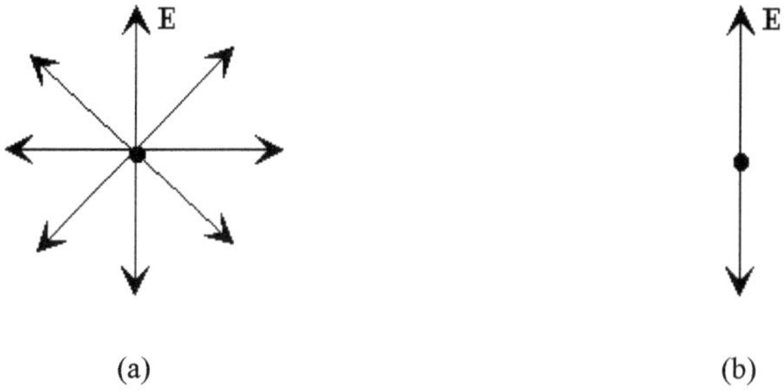

(a) (b)

Şekil. 2.8. (a) Yayınlanma yönünde gözlenen polarize olmamış elektromanyetik dalga (b) düşey doğrultuda titreşen elektrik alanına sahip lineer polarize olmuş dalga

Şekil 2.8a polarize olmamış (kutuplanmamış) bir elektromanyetik dalgayı göstermektedir. Şayet bir dalga şekil 2.8b'de olduğu gibi belirli bir noktada $\vec{E}$ elektriksel alan her an aynı yönde titreşiyorsa, bu dalgaya lineer yada düzlem polarize olmuş dalga denir. Şayet z yönünde hareket eden bir ışık demetinin, herhangi bir t anında x ekseni ile θ açısı yapan bir elektrik alan vektörü olduğunu düşünürsek, bu durumda elektriksel alanın $\vec{E}_x$ ve $\vec{E}_y$ bileşeni olur. Şayet bu bileşenlerden biri her an sıfırsa veya θ açısı her an sabit kalıyorsa bu elektromanyetik dalga lineer polarize olmuş dalgadır. Fakat $\vec{E}$ vektörünün ucu zamanla bir daire çizerek dönüyorsa, o zaman elektromanyetik dalga dairesel polarize olmuş dalgadır. Bu durumda, $\vec{E}_x$ ve $\vec{E}_y$ büyüklükçe eşit fakat aralarında 90°'lik faz farkı olduğunda meydana gelebilir. Şayet böyle bir elektromanyetik dalgada $\vec{E}_x$ ve $\vec{E}_y$ büyüklükçe eşit değil ve aralarında 90°'lik faz fark varsa bu durumda $\vec{E}$ alan vektörünün ucu bir elips çizer. Bu tür bir dalgaya da eliptik polarize olmuş dalga denir.

2.14. Karakteristik X-ışınlarının polarizasyonu

Karakteristik X-ışınları elektromanyetik dalgalardır. X-ışınlarının enine dalga olması onların polarize olabileceği anlamına gelir. Polarizasyon yönü elektrik alan vektörü $\vec{E}$'nin titreşim yönü olarak tanımlanır. Şayet karakteristik X-ışınlarının elektriksel alan vektörü $\vec{E}$, her an aynı yönde (örneğin $-y$ ile $+y$) paralel olarak titreşiyorsa karakteristik X-ışını lineer veya çizgisel polarize olmuştur denir.

Polarize olmamış karakteristik X-ışınlarından polarize olmuş karakteristik X-ışınları elde etmek için geliştirilen, seçici soğurma, yansıma, çift kırılma ve saçılma yöntemleri vardır. Çalışmamızda kullanılan yöntem X-ışınlarının bir maddeden saçılması olacaktır. Karakteristik X-ışını şuası, bir madde içerisinden geçecek olursa, madde içerisindeki elektronlar, dalganın elektrik alan vektöründen dolayı titreşime zorlanır. Elektronlar, rezonans olarak titreştikleri doğrultuya dik gelen X-ışınlarını saçılmaya uğratırlar. Gelen dalganın elektriksel alan vektörünü $\vec{E}$ ile gösterirsek, saçıcı içerisindeki bağlı elektronun ivmesini,

$$\vec{a} = \frac{\vec{F}}{m} \tag{2.51}$$

elektriksel alan içerisinde elektrona etkiyen kuvvet

$$\vec{F} = e\vec{E} \tag{2.52}$$

(2.52) bağıntısını (2.51) bağıntısında yerine yazarsak

$$\vec{a} = \frac{e\vec{E}}{m} \tag{2.53}$$

olacaktır. Burada e elektronun yükünü, m ise elektronun kütlesi göstermektedir. Elektronun hızı, ışık hızından çok daha küçük olduğundan saçılan dalganın elektrondan r uzaklıktaki bir noktadaki elektriksel alan şiddeti

$$E_{\phi} = \frac{ea}{rc^2}\sin\phi \tag{2.54}$$

olur. İvme ifadesini (2.54) bağıntısında yerine yazarsak,

$$E_{\phi} = \frac{Ee^2}{rmc^2}\sin\phi \tag{2.55}$$

elde edilir. Burada ϕ, E ile r arasındaki açıdır. Dalganın şiddeti elektrik alan vektörünün karesi ile orantılı olduğuna göre saçılan X- ışını şiddetinin gelen X-ışını şiddetine oranı

$$\frac{I_\phi}{I} = \frac{E^2\phi}{E^2} = \frac{e^4}{r^2m^2c^4}\sin^2\phi \qquad (2.56)$$

olur. Şayet gelen X-ışınının x eksenine paralel olarak yayıldığını kabul eden bir koordinat sistemi seçersek, bu duruma göre elektrik alan vektörü y-z düzlemine paralel olur.

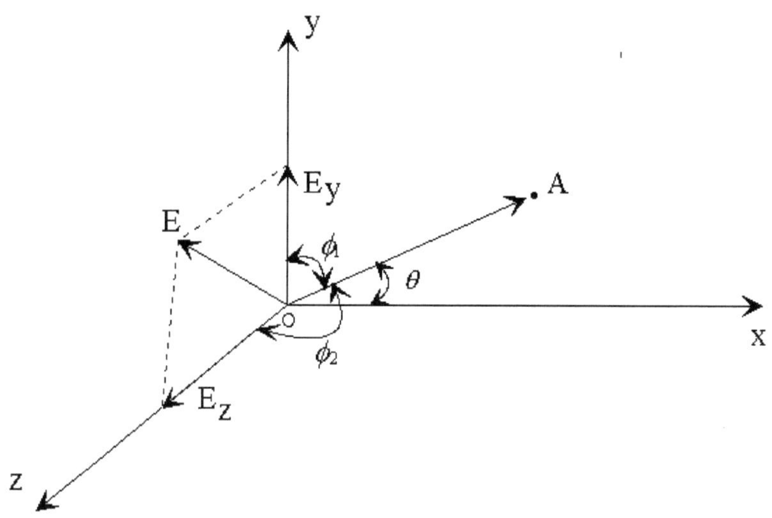

Şekil 2.9. X-ışınının elektron ile etkileşmesi

Burada elektronun koordinat sisteminin orijininde olduğu kabul edilmiştir. Burada E elektriksel alanı şiddeti

$$E^2 = E_y^2 + E_z^2 \qquad (2.57)$$

ifadesinden elde edilir. Dalganın şiddeti, elektrik alan vektörünün karesi ile orantılı olduğundan

$$I = I_y + I_z \qquad (2.58)$$

şeklinde ifade edilebilir. I_y ve I_z gelen dalganın şiddetinin sırasıyla y ve z bileşenleridir ve burada $I_y = I_z = (1/2)\,I$ kabul edilmiştir. A noktasına saçılan ışığın, gelen dalganın y bileşeninden ileri gelen şiddeti I_1 ile gösterirsek

$$I_1 = I_y \frac{e^4\sin^2\phi_1}{r^2m^2c^4} \qquad (2.59)$$

olur. Gelen dalganın z bileşeninden ileri gelen şiddeti ise I_2 ile gösterirsek

$$I_2 = I_z \frac{e^4\sin^2\phi_2}{r^2m^2c^4} \qquad (2.60)$$

olur. $\phi_1 + \theta = 90°$ ve $\phi_2 = 90°$ olduğu şekil 2.6'de görülmektedir. Buna göre tek elektron tarafından saçılan dalganın A noktasındaki şiddeti

$$I_e = I_1 + I_2 = I \frac{e^4}{2r^2 m^2 c^4}(1 + \cos^2 \theta) \tag{2.61}$$

olur. Maddenin birim hacminde n tane elektron varsa ve her elektronun X-ışınlarını bütün öteki elektronlardan bağımsız olarak saçtığı kabul edilirse ve saçıcı nokta maddenin birim hacminden A noktasına ulaşan saçılmış dalganın şiddetinide I_S ile gösterirsek

$$I_S = nI_e = I \frac{ne^4}{2r^2 m^2 c^4}(1 + \cos^2 \theta) \tag{2.62}$$

ifadesiyle verilir. θ saçılma açısı 90° olduğunda saçılan X-ışını şiddeti minimum olacaktır. θ saçılma açısı 0° olduğunda saçılan X-ışını şiddeti maksimum olacaktır. Bu düşüncelerden hareketle X-ışınının lineer polarizasyon yüzdesi P,

$$P = \frac{I_{//} - I_{\perp}}{I_{//} + I_{\perp}} 100 \tag{2.63}$$

olur (Siegbahn 1974). Burada $I_{//}$ ve $I_{\perp}$ sırasıyla gelen X-ışınlarının elektrik vektörüne, paralel ve dik olarak saçılan X-ışınlarının şiddetidir. Saçılan X-ışınlarının şiddeti

$$N_{\min} = I_{//} d\sigma(\theta = 0°) + I_{\perp} d\sigma(\theta = 90°) \tag{2.64}$$

$$N_{\max} = I_{//} d\sigma(\theta = 90°) + I_{\perp} d\sigma(\theta = 0°) \tag{2.65}$$

olur ve polarizatörün hassasiyeti

$$R = \frac{d\sigma(\theta = 90°)}{d\sigma(\theta = 0°)} \tag{2.66}$$

elde edilir. Burada $d\sigma(\theta = 90°)$ ve $d\sigma(\theta = 0°)$, 90° ve 0° saçılma açılarında Klein-Nishina denklemleridir. (2.51-2.66) denklemlerinden

$$P = \frac{(R+1)}{(R-1)} \frac{(N_{\max} - N_{\min})}{(N_{\max} + N_{\min})} 100 \tag{2.67}$$

olur (Kahlon et al. 1991). Genelde bu metotla radyoizotop kaynaktan primer olarak yayınlanan γ-ışınlarının polarizasyonları ölçülmüştür (Sood 1958, Fragg et al. 1959, Honzatko et al. 1969, Molak et al. 1971, McFarlane 1972). Yapılan literatür araştırmasında karakteristik X-ışınların polarizasyonu ile ilgili olarak çalışma yok denecek kadar azdır (Kahlon et al. 1991, Pajek et al. 1992). Radyoizotop kaynaklar tarafından iyonlaştırılan atomda elektron geçişleri olduğunu biliyoruz. Elektron geçişi, toplam açısal momentumu $J = 1/2$ olan seviyeye oluyorsa yayınlanan X-ışını polarize olmaz veya az polarize olur. Şayet $J > 1/2$ olan seviyeye oluyorsa yayınlanan X-ışını polarize olur (Kahlon et al. 1991). Çalışmamızda saçıcı (polarizör) olarak selüloz ($C_2H_{10}O_5$) kullanılmıştır. Selüloz saçıcı seçmemizin sebebi atom numarasının küçük saçma gücünün büyük olmasıdır.

2.15. Karakteristik M X-ışınlarının açısal dağılımı

Karakteristik X-ışınlarının açısal dağılımlarının belirlenmesinde bir belirsizlik olduğu son yıllarda yapılan çalışmalardan görülmektedir. Son yıllarda yapılan sınırlı sayıda çalışmalara rağmen, konunun tamamen anlaşılması için bu konuda yeni ve detaylı çalışmaların yapılması gerekmektedir. Bu konuda teorik çalışmalar bile bir temele dayandırılamamıştır. Karakteristik M X-ışınlarının açısal dağılımları,

$$\frac{d^{\theta}\sigma_M^x(1)}{d\Omega} = \sum_{\ell} a_\ell P_\ell(\cos\theta) \tag{2.68}$$

bağıntısı ile verilmektedir (Jitschin et al. 1983, Jitschin et al. 1983, Kahlon et al. 1991). Burada $P_\ell(\cos\theta)$ 2. dereceden Legendre polinomu, a_ℓ ise sabit sayıları göstermektedir. Burada (2.25) bağıntısını

$$\frac{d^{\theta}\sigma_M^x(1)}{d\Omega} = a_0 + a_1\cos\theta + a_2\cos^2\theta \tag{2.69}$$

şeklinde de yazılabilir. Burada a_0, a_1 ve a_2 katsayıları açısal dağılım katsayıları olarak tanımlanır. Herhangi bir element için toplam tesir kesiti

$$\sigma_{top}^x(M) = 2\pi\int_0^{\pi}\frac{d^{\theta}\sigma_M^x(1)}{d\Omega}(\sin\theta\, d\theta) \tag{2.70}$$

bağıntısı ile verilir. Bu bağıntıyı daha açık bir şekilde aşağıdaki gibi ifade edebiliriz.

$$\sigma_{top}^x(M) = 2\pi\left[\int_0^{\pi} a_0\sin\theta\, d\theta + \int_0^{\pi} a_1\cos\theta\sin\theta\, d\theta\int_0^{\pi} a_2\cos^2\theta\sin\theta\, d\theta\right] \tag{2.71}$$

Bu integralin çözümünden,

$$\sigma_{top}^x(M) = 4\pi\left(a_0 + \frac{a_2}{3}\right) \tag{2.72}$$

elde edilir.

3. MATERYAL ve YÖNTEM

3.1. Enerji ayırımlı X-ışını spektrometresi

İncelemek istediğimiz elementlerin karakteristik X-ışını spektrumlarını elde etmek için araştırma alanlarına bağlı olarak çeşitli yarı iletken dedektörler kullanılmaktadır. Çalışmanın amacına göre dedektör seçiminde, dedektörün hassas olduğu enerji aralığı ve ayırma gücü gibi bir takım özellikler çalışma açısından oldukça önemlidir. Çalışmalarımızda karakteristik X-ışınları, hem enerjileri birbirine yakın hem de düşük enerji bölgesinde olduğu için yarı iletken dedektörlerden olan Si(Li) dedektörü kullanılmıştır.

Karakteristik X-ışını şiddet ölçümlerinde kullanılan en önemli dedektörlerden birini lityum sürüklenmiş katıhal dedektörleri teşkil etmektedir. Lityum sürüklenmiş katıhal dedektörü pozitif ve negatif (p tipi ve n-tipi) bölgeleri arasında intiristik (i-tipi) bölgeye sahip bir kristalden ibarettir. Böyle bir sayaç p-i-n tipi bir diyottur. Şekil 3.1'de gösterildiği gibi bir p-i-n dedektörün kesiti, enerji bant profili ve taşıyıcıların absorpsiyon karakteristikleri gösterilmektedir. İntristik bölge, uygun şartlarda p-tipi silisyum içerisine lityum sürüklenmesiyle meydana gelmiştir. Dedektörün p-tipi tabakası aktif değildir ve sayma sistemine katkısı olmayan bu tabaka ölü tabaka olarak bilinir. Sayım için önemli olan bir faktör olan geometrik verimlilik, dedektörün alanı ile doğru orantılı, ancak ayırma gücü ile ters orantılıdır. Burada kullandığımız Si(Li) dedektörün aktif alanı 12,5 mm^2 ve kalınlığı 2 mm'dir. Elektrotlar, lityum sürüklenmesiyle elde edilmiş silisyum yüzeyine yaklaşık 200 Å kalınlığında altın buharlaştırılmasıyla elde edilmiştir. Dedektör, en uygun ayırma gücünü elde etmek ve gürültüyü azaltmak için sıvı azot sıcaklığında (-196 °C) tutulmaktadır ve dış ortamdan gelebilecek yüzey kirlenmesini önlemek için 13 µm kalınlığında berilyum pencere ile koruma altına alınmıştır. E enerjili bir foton dedektörün aktif alanına düştüğünde silisyum atomlarını iyonlaştırır. Foton, enerjisini tamamen fotoelektrona verir. Fotoelektron dedektör içerisinde hareket ederken, yolu boyunca elektron-hol çiftleri meydana getirir. Bu olay fotoelektronun enerjisi artık elektron-boşluk çiftleri meydana getirmeye yetmeyecek duruma gelinceye kadar devam eder. Si(Li) dedektörüne yaklaşık –500 volt'luk besleme potansiyeli uygulanır. Meydana gelen elektrik alanı, fotonların oluşturduğu elektron-boşluk yüklerini toplar. Ters beslemeden dolayı elektronlar n-tipi bölgeye, boşluklar p-tipi bölgeye sürüklenir ve dedektör içine gelen fotonun enerjisi ile orantılı olarak elektron – boşluk çiftleri oluşur. n ve p tipi bölgelerde, elektrik alan vasıtasıyla toplanan yükler, akım pulsundan potansiyel pulsuna dönüştürülür. Deney sisteminde kullanılan elektronik sistem vasıtasıyla, potansiyel pulsu, puls yükseklik analizöründe enerjisine karşılık gelen kanala yerleştirilir. Şekil 3.2'de deney sistemi şematik olarak gösterilmiştir.

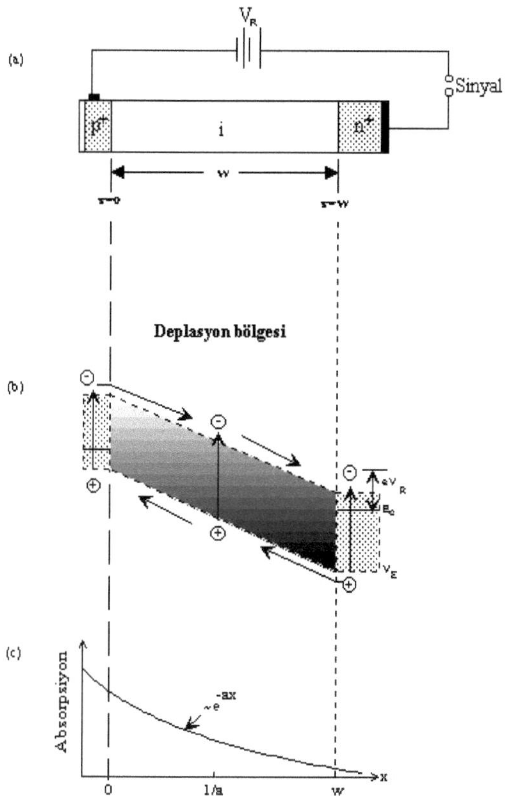

Şekil 2.1 Bir p-i-n dedektörün (a) Bir kesiti (b) Enerji bant profili (c) Taşıyıcıların absorpsiyon karakteristikleri.

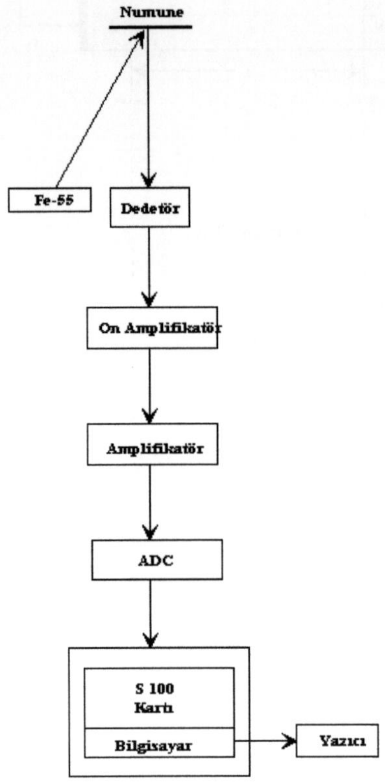

Şekil 2.1 Deney Sisteminin Şematik Gösterimi

3.2. Dedektör verimi

Bir dedektörün iki önemli niceliği, dedektörün verimi ve rezolüsyonudur. Verim başlıca dedektörün büyüklüğüne ve şekline bağlıdır. Kantitatif çalışmalarda dedektör verimini bilmek önemlidir. Dedektör verimi, aynı zaman zarfında dedektörde sayılabilir büyüklükte puls üreten fotonların sayısının, dedektöre gelen fotonların sayısına oranı ya da dedektörde sayılabilir puls üreten fotonların yüzdesi olarak tanımlanır. Dedektörün verimliliğini tayin için kalibre edilmiş kaynaklara ihtiyaç vardır. Bu kaynakların bozunmalarında foton yayımlama ihtimali değerleri bilinmelidir. Dedektör verimliliğini etkileyen faktörleri şu şekilde sıralayabiliriz:

1-) Kolimatör faktörü,
2-) Dedektör maddesi,
3-) Dedektörün hassas bölgesi,
4-) Kıyılardan kaçmalar,
5-) İmalat faktörü.

3.3 Dedektör verim eğrilerinin elde edilmesi

X-ışını spektroskopi çalışmalarında, dedektör veriminin bilinmesi ve verim eğrisinin tayin edilmesi gerekir. Farklı dedektör verimi aşağıdaki gibi tanımlanır (Ertuğrul 1994, Budak et al. 1999).

1-) İntrinsik verim

Dedektörün intrinsik bölgesinde sayılan fotonların, bu bölgeye gelen fotonların sayısına oranıdır.

2-) Bağıl verim

Herhangi bir enerjideki dedektör veriminin, diğer enerjideki dedektör verimine oranı olarak tanımlanır.

3-) Radyal verim

Herhangi bir enerjide dedektör veriminin, dedektör çapına bağlı olarak değişimini gösterir.

4-) Mutlak verim

Dedektörde sayılan fotonların, radyoizotop kaynak tarafından tüm doğrultuda yayımlanan fotonlara oranıdır ve kaynak dedektör mesafesine göre değişir.

5-) Fotopik (sayma) verim

Dedektörde ilgili enerjide, sayılabilir puls meydana gelme ihtimalidir. Kullandığımız yarı iletken Si(Li) dedektör için sayma verimi teorik olarak

$$DEF(E) = \exp[-(\mu_{Be}\, t_{Be})]\exp[-(\mu_{Au}\, t_{Au})]\{1-\exp[-(\mu_{Si}\, t_{Si})]\} \qquad (3.1)$$

bağıntısı ile verilmiştir (Cohen 1980, Cambell 1983, Helmer 1982, Hansen et al. 1973). Burada μ_{Be}, μ_{Au} ve μ_{Si}, sırasıyla berilyum, altın ve silisyum için enerjiye bağlı olarak toplam kütle soğurma katsayısı, t_{Be}, t_{Au} ve t_{Si} ($t_{Be} = 25$ µm , $t_{Au} = 200$ ve $t_{si} = 2$ mm) sırasıyla berilyum pencere, altın ve silisyum tabakanın kalınlığıdır. Teorik Si(Li) dedektörün verimi çizelge 3.1'de ve enerjiyle değişimi şekil 3.3'de verilmiştir.

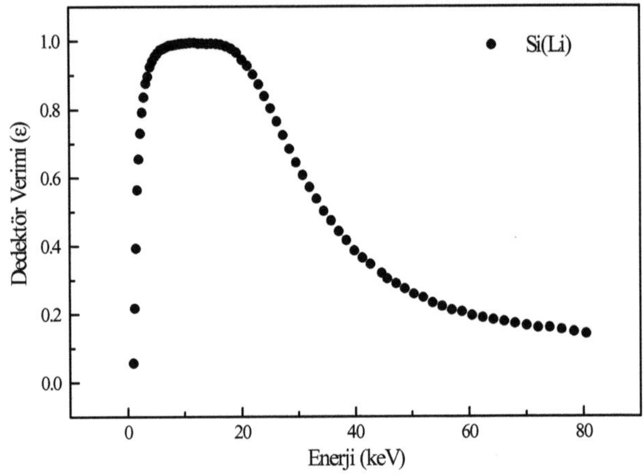

Şekil 3.3. Teorik Si(Li) dedektör veriminin enerji ile değişimi

Çizelge 3.1 Teorik Si(Li) dedektör veriminin enerjiye bağımlılığı

^{Z}X	$E(\overline{K\alpha})$	Verim	^{Z}X	$E(\overline{K\alpha})$	Verim	^{Z}X	$E(\overline{K\alpha})$	Verim
^{11}Na	1,041	0,057	^{36}Kr	12,630	0,992	^{61}Pm	38,528	0,416
^{12}Mg	1,255	0,217	^{37}Rb	13,375	0,993	^{62}Sm	39,906	0,346
^{13}Al	1,487	0,393	^{38}Sr	14,142	0,991	^{63}Eu	41,313	0,365
^{14}Si	1,739	0,564	^{39}Y	14,933	0,992	^{64}Gd	42,750	0,347
^{15}P	2,014	0,654	^{40}Zr	15,746	0,991	^{65}Tb	44,718	0,320
^{16}S	2,307	0,731	^{41}Nb	16,584	0,989	^{66}Dy	45,714	0,304
^{17}Cl	2,622	0,791	^{42}Mo	17,443	0,984	^{67}Ho	47,242	0,290

^{18}Ar	2,957	0,835	^{43}Tc	18,327	0,977	^{68}Er	48,801	0,275
^{19}K	3,312	0,876	^{44}Ru	19,235	0,966	^{69}Tm	50,992	0,259
^{20}Ca	3,690	0,896	^{45}Rh	20,167	0,945	^{70}Yb	52,014	0,249
^{21}Sc	4,088	0,925	^{46}Pd	21,122	0,928	^{71}Lu	53,660	0,233
^{22}Ti	4,508	0,941	^{47}Ag	22,103	0,902	^{72}Hf	55,356	0,222
^{23}V	4,949	0,955	^{48}Cd	23,108	0,873	^{73}Ta	57,078	0,211
^{24}Cr	5,411	0,964	^{49}In	24,138	0,839	^{74}W	58,832	0,206
^{25}Mn	5,895	0,973	^{50}Sn	25,192	0,803	^{75}Re	60,620	0,195
^{26}Fe	6,400	0,977	^{51}Sb	26,272	0,765	^{76}Os	62,443	0,189
^{27}Co	6,925	0,981	^{52}Te	27,378	0,725	^{77}Ir	64,303	0,183
^{28}Ni	7,472	0,986	^{53}I	28,510	0,684	^{78}Pt	66,200	0,178
^{29}Cu	8,041	0,987	^{54}Xe	29,667	0,644	^{79}Au	68,133	0,172
^{30}Zn	8,631	0,989	^{55}Cs	30,851	0,607	^{80}Hg	70,103	0,166
^{31}Ga	9,243	0,991	^{56}Ba	32,062	0,572	^{81}Tl	72,113	0,160
^{32}Ge	9,876	0,992	^{57}La	33,297	0,538	^{82}Pm	74,154	0,160
^{33}As	10,532	0,993	^{58}Ce	34,564	0,502	^{83}Bi	76,246	0,154
^{34}Se	11,210	0,994	^{59}Pr	34,858	0,474	^{84}Po	78,378	0,148
^{35}Br	11,907	0,995	^{60}Nd	37,179	0,443	^{85}At	80,547	0,142

3.4. Deney geometrisi

Karakteristik X-ışınlarının şiddetlerini, hem sayma hem de uyarma bakımından etkileyen önemli faktörlerden biri de deney geometrisidir. Deneyimizin birinci kısmında atom numarası $71 \leq Z \leq 92$ aralığında olan bazı elementlerin diferansiyel tesir kesitleri, η_{L_3M} boşluk geçiş ihtimaliyetlerinin açısal dağılımları şekil 3.4 (a,b)'de gösterilen deney geometrisi kullanılarak ölçülmüştür. Bu geometride Fe-55 nokta kaynağından yayınlanan 5,96 keV'lik fotonlar ile sadece ^{71}Lu, ^{72}Hf, ^{73}Ta, ^{74}W, ^{76}Os, ^{78}Pt, ^{79}Au, ^{80}Hg, ^{81}Tl, ^{82}Pb, ^{83}Bi, ^{90}Th ve ^{92}U M X-ışınları ile uyarıldı. Daha sonra ^{71}Lu, ^{72}Hf, ^{73}Ta, ^{74}W, ^{76}Os, ^{78}Pt, ^{79}Au, ^{80}Hg, ^{81}Tl, ^{82}Pb, ^{83}Bi, ^{90}Th ve ^{92}U elementlerinin hem M X-ışınları hem de L_3-X ışınları aynı deney geometrisinde aynı anda sırasıyla 9,572, 10,263, 10,005, 10,983 11,730, 11,730, 12,503, 13,300, 13,300 13,300, 14,980, 16,896, ve 17,781 keV enerjili fotonlarla uyarıldı. Primer radyasyon, pirinç-kurşun kolimatörle, dedektör ise 2 mm çapında 4 mm

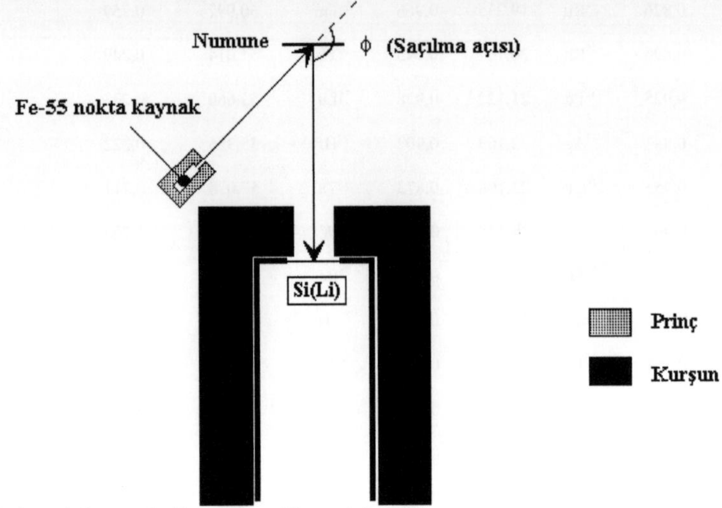

kalınlığında kurşun kolimatörle zırhlanarak bu yolla

Şekil. 3.4. (a) Sadece M-tabakasını uyarmak için kullanılan deney geometrisi

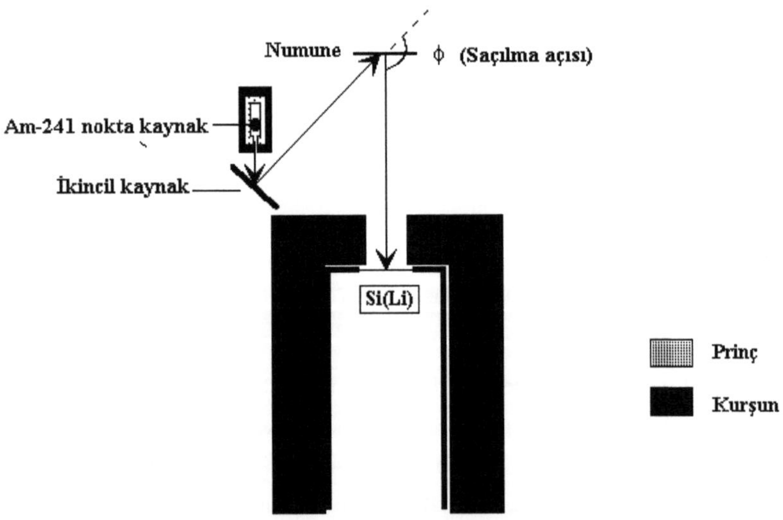

Şekil 3.4. (b) Hem L_3-alttabakası hem de M-tabakasını uyarmak için kullanılan deney geometrisi

kaynaktan çıkan radyasyonun dedektörü doğrudan görmesi önlenmiştir. Çalışmamızın ikinci kısmında ^{65}Tb, ^{66}Dy, ^{67}Ho, ^{68}Er, ^{71}Lu, ^{72}Hf, ^{73}Ta, ^{74}W, ^{76}Os, ^{78}Pt, ^{79}Au, ^{80}Hg, ^{81}Tl, ^{82}Pb, ^{83}Bi, ^{90}Th, ve ^{92}U numunelerinin $L\ell$, $L\alpha, L\beta$ ve $L\gamma$ X-ışınlarının polarizasyonu şekil 3.5'de gösterilen deney geometrisi kullanılarak ölçülmüştür.

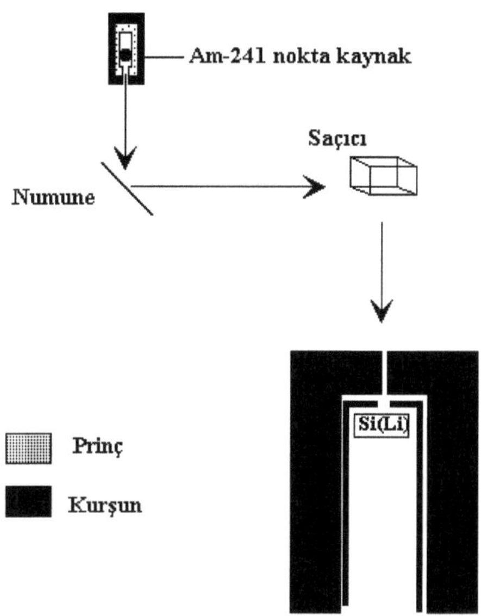

Şekil 3.5. Polarizasyon ölçümleri için kullanılan deney geometrisi

Bu geometride L X- ışınlarının uyarılması için 100 mCi şiddetinde Am-241 nokta kaynaktan yayınlanan 59,54 keV enerjili fotonlar kullanılmıştır. Primer radyasyon alüminyum-kurşun kolimatör ile dedektör ise alüminyum-demir-kurşun kolimatörle zırhlanarak kaynaktan çıkan radyasyonun dedektörü doğrudan görmesi önlenmiştir. Numunelerin L ve M X-ışını spektrumlarını 4096 kanallı N66 çok kanallı analizöre bağlı 3,91 mm aktif çaplı, hassas kristal derinliği 3 mm olan ve 0,025 mm kalınlıklı Be pencereye sahip bir Si(Li) dedektörle ölçülmüştür. Dedektör sisteminin ölçülmüş enerji rezolüsyonu 5,9 keV'de 188 eV FWHM'dur. Çalışmamızda L ve M X-ışını spektrumları 1,600 ile 20,163 keV'lik enerji arasında değiştiği dedektör $Cu(\overline{L\alpha})$, $Ho(\overline{L\alpha})$, $Bi(\overline{L\alpha})$, $Mo(\overline{K\alpha})$ ve $Cd(\overline{K\alpha})$ enerjileri kullanılarak % 1 hata ile enerji kalibrasyonu yapılmıştır. Numuneler düşük ihtimalli piklerin dedeksiyon limitleri ve yeterli istatistiksel hassasiyeti elde etmek için, 43200-280800 s zaman aralığında ölçülmüştür. L ve M X-ışını fotopik alanları, bir Multi-Gaussian fonksiyonuna fit edilerek (MicroCal Origin version: 3.5 MicroCal Software, Inc. USA) ve temel sayma düzeltmesiyle değerlendirilmiştir. Hg ve U için tipik L ve M X-ışını spektrumları şekil 3.6 (a, b) ve şekil 3.7 (a, b) de verilmiştir.

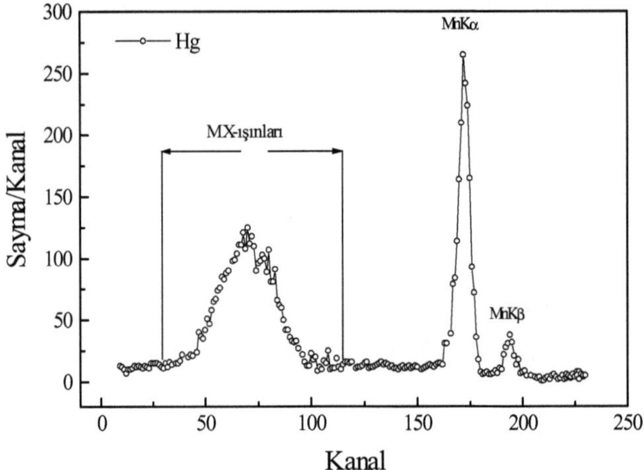

Şekil 3.6. a) Hg'nın tipik M X-ışını spektrumu

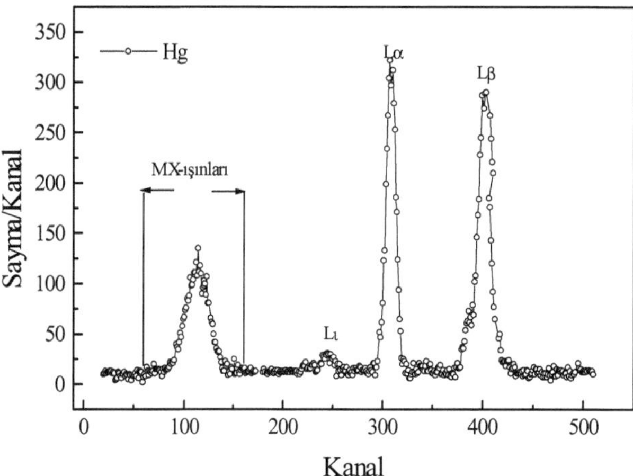

Şekil 3.6. b) Hg'nın tipik L ve M X-ışını spektrumu

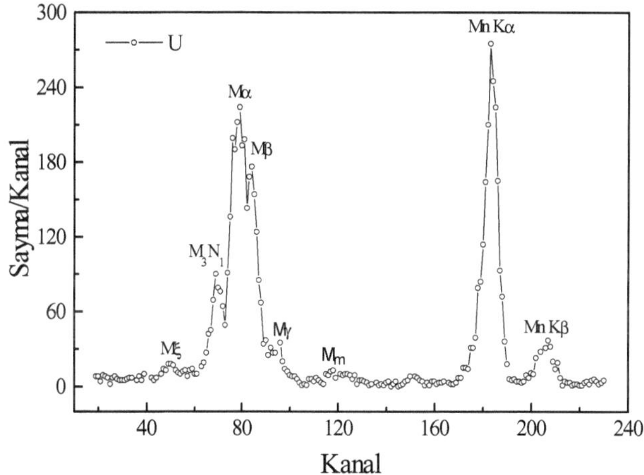

Şekil 3.7. a) U'un tipik M X-ışını spektrumu

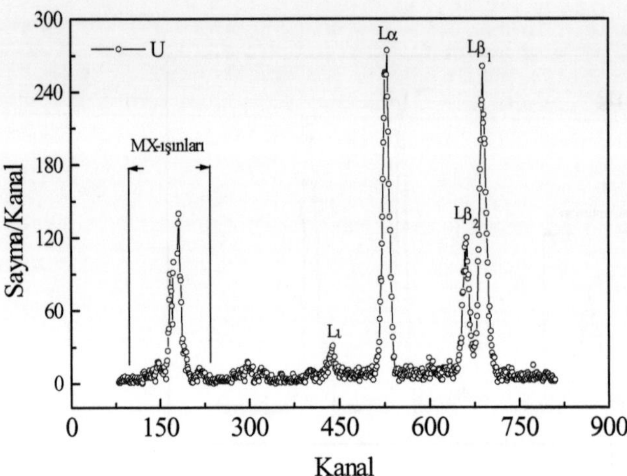

Şekil 3.7. b) U'un tipik L ve M X-ışını spektrumu

3.5. Numunelerin hazırlanması

Bu çalışmada, atom numarası 71 ≤ Z ≤ 92 aralığında olan bazı elementlerin toplam M X-ışını diferansiyel tesir kesitleri, η_{L_3M} boşluk geçiş ihtimallerinin açısal dağılımları ve atom numarası 65 ≤ Z≤ 92 aralığında olan elementlerin L X ışını polarizasyonları ölçülmüştür. Kullanılan elementler ve teknik özellikleri çizelge 3.2'de verilmiştir. Bu elementlerin büyük çoğunluğu (Tb, Hg hariç) spektroskopik olarak saf (saflığı %99,9 dan büyük) elementlerdir. Toz halinde bulunan elementler akik havanında öğütülüp parçacık büyüklüğünü ve soğurma etkisini en aza indirmek için 400 mesh'lik eleklerde elenmiştir. Elekten geçirilmiş maddeler, asetat maskeler kullanılmak suretiyle bant üzerine 11,30 x 15,50 mm^2 alanlı dikdörtgen şekilli ince film numuneler haline getirilmiştir. Numune kütleleri onbindebir hassasiyetli (Gec AVERY) terazisiyle doğrudan ölçülmüştür ve numunelerin kütle kalınlıkları 3-35 mg cm^{-2} aralığında olduğu belirlenmiştir.

Çizelge 3.2. Karakteristik L ve M X – ışını ölçümünde kullanılan numuneler ve teknik özellikleri

Element	Kimyasal formülü	Numune formu	Parçacık büy.(mesh)	Saflığı (%)
Tb	Tb_4O_7	Toz	400<	80,000
Dy	-	Toz	400<	99,900
Ho	-	Toz	400<	99,900
Er	-	Toz	400<	99,900
Lu	-	Toz	400<	99,990
Hf	-	Toz	400<	99,900
Ta	-	Toz	400<	99,900
W	-	Toz	400<	99,950
Os	-	Toz	400<	99,900
Pt	-	Toz	400<	99,900
Au	-	Foil	-	99,990
Hg	$Hg(NO_3),2H_2O$	Toz	400<	99,000
Tl	-	Toz	400<	99,900
Pb	PbO	Toz	400<	99,990
Bi	Bi_2O_3	Toz	400<	99,900
Th	$Th(NO_3)_4$	Toz	400<	99,900
U	$U(NO_3)_3$	Toz	400<	99,900

4. ÖLÇÜMLER VE HESAPLAMALAR

4.1. Dedektör veriminin açısal dağılımının ölçülmesi

Dedektör veriminin enerji ile değiştiği bilinmektedir. Bu nedenle kullandığımız Si(Li) dedektörün verim eğrisinin foton enerjisinin fonksiyonu olarak tayin edilmesi gerekmektedir. Sadece M-tabakası, hem L_3-alttabakası hem de M-tabakası aynı anda uyarıldığında, toplam M X-ışınlarının floresans tesir kesitlerinin ve η_{L_3M} boşluk geçiş ihtimallerinin açısal dağılımlarının ölçülmesi için dedektör verimi ve geometri faktörü içeren $I_0 G \varepsilon$ etkin foton akısını'nın tayin edilmesi gerekmektedir. Etkin foton akısı Al, Si, P, S, Cl, K, Ca ve Ti elementlerinin karakteristik K X-ışınları ölçülerek ve

$$(I_0 G \varepsilon_M)^\theta = \frac{N_K^\theta}{\sigma_K^x \beta_K^\theta \, t} \tag{4.1}$$

bağıntısı kullanılarak tayin edilmiştir. Burada N_K^θ, ($\theta = 120°$, 125°, 130°, 135°, 140°, 145° ve 150°) fotopik altındaki net sayım, I_0 uyarıcı radyasyonun şiddeti, G geometrik faktör, ε_M M X-ışınları için dedektör verimi, t g cm^{-2} cinsinden numunenin kütle kalınlığı, β_K^θ ise hedef materyal için öz-soğurma düzeltme faktörüdür. Öz-soğurma düzeltme faktörü aşağıdaki ifadeden hesaplanmıştır.

$$\beta_K^\theta = \frac{1 - \exp\left[-(\mu_{gel} \sec\alpha + \mu_{yay} \sec\delta)\, t\right]}{(\mu_{gel} \sec\alpha + \mu_{yay} \sec\delta)\, t} \tag{4.2}$$

Burada μ_{gel} ve μ_{yay} sırasıyla gelen foton ve yayınlanan karakteristik X-ışınları için toplam kütle soğurma katsayılarıdır (cm^2 g^{-1}). Bu değerler Hubbell ve Seltzer (1995) in çizelgelerinden alınmıştır. $\alpha = 30°$, 35°, 40°, 45°, 50°, 55°, 60° ve $\delta = 0°$ dır ve sırasıyla gelen ve yayımlanan radyasyonun numune normali ile yaptığı açılarıdır. σ_K^x K X-ışını floresans tesir kesiti olup teorik değerleri aşağıdaki denklem kullanarak hesaplanmıştır.

$$\sigma_K^x = \sigma_K^p(E)\omega_K \tag{4.3}$$

Burada $\sigma_K^p(E)$ verilen element için E enerjisindeki K-tabakası fotoiyonizasyon tesir kesiti, ω_K K-tabakası fluoresans verimdir.

4.2. Sadece M-tabakası uyarıldığında M X-ışını diferansiyel tesir kesitlerinin açısal dağılımı

$\frac{d\sigma_M^x(1)}{d\Omega}$ M X-ışını diferansiyel tesir kesitlerinin teorik değerleri aşağıdaki denklem kullanılarak hesaplanmıştır.

$$\frac{d\sigma_M^x(1)}{d\Omega} = \frac{\sigma_M^p(E)\varpi_M}{4\pi} \tag{4.4}$$

burada $d\sigma_M^x(1)/d\Omega$ sadece M-tabakası uyarıldığında diferansiyel tesir kesiti, $\sigma_M^p(E)$ verilen element için E uyarma enerjisindeki M-tabakası fotoiyonizasyon tesir kesiti, ϖ_M ortalama M-tabakası floresans verimidir. $\sigma_M^x(1)$ M X-ışını floresans tesir kesiti hesaplamalarında $\sigma_M^p(E)$ değerleri Hartree-Slater potansiyel teorisine dayalı olan Scofield'in (1973) çizelgelerinden ve ϖ_M değerleri Hubbell et al'ın (1994) çizelgelerinden alınmıştır.

Deneysel M X-ışını diferansiyel tesir kesitlerinin açısal dağılımı aşağıdaki denklem kullanılarak ölçülmüştür.

$$\frac{d\sigma_M^x(1)}{d\Omega} = \frac{N_M^\theta}{4\pi(I_0 G\varepsilon_M)^\theta \beta_M^\theta\, t} \tag{4.5}$$

Burada N_M^θ ($\theta = 120°$, 125°, 130°, 135°, 140°, 145° ve 150°), fotopik altındaki net sayım, I_0 uyarıcı radyasyonun şiddeti, G geometrik faktör, ε_M M X-ışınları için dedektör verimi, t g cm^{-2} cinsinden numunenin kütle kalınlığı, β_M^θ ise hedef materyal için öz-soğurma düzeltme faktörüdür. Öz-soğurma düzeltme faktörü aşağıdaki ifadeden hesaplanmıştır.

$$\beta_M^\theta = \frac{1-\exp\lfloor -(\mu_{gel}\sec\alpha + \mu_{yay}\sec\delta)\,t\rfloor}{(\mu_{gel}\sec\alpha + \mu_{yay}\sec\delta)\,t} \tag{4.6}$$

Burada μ_{gel} ve μ_{yay} sırasıyla gelen foton ve yayınlanan karakteristik X-ışınları için toplam kütle soğurma katsayılarıdır (cm^2 g). Bu değerler Hubbell ve Seltzer (1995) in çizelgelerinden alınmıştır. $\alpha = 30°$, 35°, 40°, 45°, 50°, 55°, 60° ve $\delta = 0°$ dır ve sırasıyla gelen ve yayımlanan radyasyonun numune normali ile yaptığı açılarıdır. $71 \le Z \le 92$ aralığında olan seçilmiş elementlerin 5,96 keV lik uyarma enerjisinde ölçülmüş M X-ışını diferansiyel tesir kesitlerinin açısal dağılımı çizelge 4.1'de teorik değerleriyle karşılaştırmalı olarak verilmiştir. Deneysel değerler, $\cos\theta$'nın fonksiyonu olarak 2. derece bir polinoma fit edilmiş ve fit değerleri de aynı çizelgede listelenmiştir.

Çizelge 4.1. Sadece M-tabakası uyarıldığında deneysel M X- ışını diferansiyel tesir kesitlerinin açısal dağılımı ($d\sigma^{\theta}/d\Omega$) ($cm^2\ g^{-1}sr^{-1}$)

Açı	Lu			Hf			Ta		
(°)	Deneysel	Fit	Teorik	Deneysel	Fit	Teorik	Deneysel	Fit	Teorik
120°	0,298±0,006	0,299		0,341±0,005	0,337		0,349±0,006	0,350	
125°	0,295±0,006	0,294		0,339±0,005	0,329		0,345±0,006	0,343	
130°	0,291±0,006	0,288		0,328±0,006	0,321		0,338±0,006	0,335	
135°	0,279±0,006	0,281	0,293	0,317±0,006	0,312	0,325	0,325±0,005	0,328	0,362
140°	0,270±0,005	0,274		0,315±0,005	0,303		0,321±0,005	0,322	
145°	0,271±0,005	0,268		0,300±0,005	0,295		0,319±0,005	0,317	
150°	0,262±0,005	0,262		0,298±0,005	0,286		0,311±0,005	0,311	
	W			Os			Pt		
120°	0,403±0,009	0,406		0,480±0,012	0,479		0,599±0,013	0,600	
125°	0,398±0,008	0,392		0,464±0,013	0.468		0,590±0,013	0,589	
130°	0,376±0,009	0,377		0,461±0,011	0.456		0,580±0,012	0,578	
135°	0,358±0,008	0,360	0,401	0,440±0,012	0.444	0,487	0,564±0,012	0,565	0,595
140°	0,345±0,008	0,345		0,431±0,010	0.433		0,554±0,011	0,553	
145°	0,331±0,007	0,332		0,431±0,009	0.423		0,540±0,010	0,542	
150°	0,320±0,009	0,318		0,410±0,008	0.413		0,531±0,010	0,530	
	Au			Hg			Tl		
120°	0,691±0,011	0,692		0,713±0,011	0,712		0,780±0,012	0,779	
125°	0,684±0,012	0,683		0,700±0,012	0,703		0,769±0,013	0,769	
130°	0,675±0,011	0,673		0,698±0,011	0,694		0,775±0,012	0,757	
135°	0,662±0,010	0,662	0,657	0,680±0,010	0,684	0,717	0,742±0,011	0,743	0,779
140°	0,650±0,011	0,651		0,676±0,010	0,675		0,732±0,010	0,729	
145°	0,640±0,011	0,641		0,671±0,010	0,668		0,720±0,011	0,717	
150°	0,632±0,009	0,631		0,658±0,010	0,660		0,700±0,010	0,703	

Çizelge 4.1'in devamı

Açı	Pb			Bi			Th		
(°)	Deneysel	Fit	Teorik	Deneysel	Fit	Teorik	Deneysel	Fit	Teorik
120°	0,859±0,009	0,858		0,945±0,009	0,945		1,660±0,009	1,662	
125°	0,850±0,008	0,852		0,940±0,009	0,940		1,659±0,009	1,654	
130°	0,845±0,008	0,846		0,935±0,009	0,934		1,640±0,008	1,644	
135°	0,842±0,007	0,838	0,853	0,928±0,009	0,927	0,938	1,638±0,007	1,634	1,642
140°	0,830±0,006	0,832		0,921±0,008	0,920		1,620±0,007	1,625	
145°	0,824±0,007	0,825		0,911±0,008	0,914		1,619±0,007	1,617	
150°	0,820±0,006	0,818		0,909±0,007	0,907		1,608±0,006	1,606	
	U								
120°	2,001±0,030	2,005							
125°	1,980±0,020	1,979							
130°	1,970±0,020	1,951							
135°	1,895±0,020	1,920	1,915						
140°	1,905±0,020	1,891							
145°	1,857±0,020	1,867							
150°	1,847±0,020	1,841							

4.3. Hem L3-alttabakası hem de M-tabakası uyarıldığında M X-ışını diferansiyel tesir kesitlerinin açısal dağılımı

$\frac{d\sigma_M^x(2)}{d\Omega}$ M X-ışını diferansiyel tesir kesitlerinin teorik değerleri aşağıdaki denklem kullanılarak hesaplanmıştır.

$$\frac{d\sigma_M^x(2)}{d\Omega} = \frac{(\sigma_M^p(E) + \eta_{L_3M}\sigma_{L_3}^p(E))\,\overline{\omega}_M}{4\pi} \tag{4.7}$$

burada $d\sigma_M^x(2)/d\Omega$ hem L3-alttabakası hem de M-tabakası uyarıldığındaki tesir kesiti, $\sigma_M^p(E)$ verilen element için E uyarma enerjisindeki M-tabakası fotoiyonizasyon tesir kesiti, η_{L_3M} L_3-alttabakasından M-tabakasına boşluk geçiş ihtimaliyeti, $\sigma_{L_3}^p(E)$ verilen element için E uyarma enerjisindeki L_3-alttabakası fotoiyonizasyon tesir kesiti, $\overline{\omega}_M$ ortalama M-tabakası floresans verimidir. $\sigma_M^x(1)$ M X-ışını floresans diferansiyel tesir kesiti hesaplamalarında $\sigma_M^p(E)$ ve $\sigma_{L_3}^p(E)$ değerleri Hartree-Slater potansiyel teorisine dayalı olan Scofield'in (1995) çizelgelerinden , η_{L_3M} değerleri Puri et al'ın (1993) makalesinden ve $\overline{\omega}_M$ değerleri Hubbell et al'ın (1994) çizelgelerinden alınmıştır.

Deneysel M X-ışını diferansiyel tesir kesitlerinin açısal dağılımı aşağıdaki denklem kullanılarak ölçülmüştür.

$$\frac{d\sigma_M^x(2)}{d\Omega}=\frac{N_M^\theta}{4\pi(I_0 G\varepsilon_M)^\theta \beta_M^\theta\, t} \tag{4.8}$$

Burada N_M^θ ($\theta=120°$, 125°, 130°, 135°, 140°, 145° ve 150°), fotopik altındaki net sayım, I_0 uyarıcı radyasyonun şiddeti, G geometrik faktör, ε_M M X-ışınları için dedektör verimi, t g cm^{-2} cinsinden numunenin kütle kalınlığı, β_M^θ ise hedef materyal için öz-soğurma düzeltme faktörüdür. Öz-soğurma düzeltme faktörü (4.6) denklemi kullanılarak hesaplanmıştır. $71 \leq Z \leq 92$ aralığında olan bazı elementlerin hem L_3-alttabakası hemde M-tabakası uyarıldığında ölçülmüş M X-ışını diferansiyel tesir kesitlerinin açısal dağılımı çizelge 4.2'de teorik değerleriyle karşılaştırmalı olarak verilmiştir. Deneysel değerler, $\cos\theta$'nın fonksiyonu olarak 2. derece bir polinoma fit edilmiş ve fit değerleri de aynı çizelgede listelenmiştir.

Çizelge 4.2. Hem L_3-alttabakası hemde M-tabakası uyarıldığında deneysel M-X ışını diferansiyel tesir kesitlerinin açısal dağılımı ($d\sigma^\theta/d\Omega$) (cm^2 g^{-1}sr^{-1})

Açı	Lu			Hf			Ta		
(°)	Deneysel	Fit	Teorik	Deneysel	Fit	Teorik	Deneysel	Fit	Teorik
120°	0,348±0,007	0,348		0,290±0,006	0,290		0,397±0,011	0,385	
125°	0,340±0,007	0,340		0,285±0,006	0,283		0,377±0,012	0,369	
130°	0,335±0,007	0,332		0,274±0,006	0,276		0,358±0,013	0,352	
135°	0,321±0,006	0,322	0,347	0,265±0,005	0,267	0,270	0,342±0,010	0,332	0,375
140°	0,310±0,006	0,314		0,261±0,005	0,259		0,325±0,010	0,313	
145°	0,310±0,006	0,306		0,252±0,005	0,251		0,311±0,009	0,296	
150°	0,298±0,005	0,299		0,242±0,005	0,243		0,283±0,009	0,278	
	W			Os			Pt		

120°	0,326±0,009	0,327		0,342±0,012	0,344		0,397±0,018	0,395	
125°	0,320±0,009	0,318		0,332±0,011	0,323		0,360±0,020	0,370	
130°	0,310±0,009	0,309		0,289±0,010	0,299		0,354±0,020	0,342	
135°	0,298±0,008	0,300	0,324	0,275±0,009	0,273	0,322	0,313±0,018	0,311	0,388
140°	0,290±0,008	0,291		0,248±0,009	0,248		0,272±0,012	0,282	
145°	0,286±0,008	0,284		0,232±0,009	0,227		0,256±0,010	0,256	
150°	0,275±0,008	0,276		0,200±0,009	0,203		0,232±0,012	0,229	
	Au			Hg			Tl		
120°	0,371±0,016	0,375		0,333±0,021	0,336		0,358±0,017	0,361	
125°	0,347±0,015	0,348		0,323±0,015	0,311		0,347±0,013	0,332	
130°	0,332±0,014	0,317		0,272±0,021	0,285		0,283±0,021	0,300	
135°	0,280±0,013	0,284	0,359	0,259±0,014	0,255	0,329	0,265±0,015	0,265	0,356
140°	0,246±0,013	0,253		0,220±0,014	0,227		0,231±0,018	0,232	
145°	0,215±0,014	0,225		0,216±0,013	0,202		0,220±0,018	0,203	
150°	0,205±0,009	0,195		0,169±0,012	0,175		0,162±0,010	0,172	

Çizelge 4.2'in devamı

Açı	Pb			Bi			Th		
(°)	Deneysel	Fit	Teorik	Deneysel	Fit	Teorik	Deneysel	Fit	Teorik
120°	0,394±0,019	0,402		0,314±0,017	0,322		0,384±0,020	0,389	
125°	0,377±0,011	0,370		0,315±0,019	0,297		0,368±0,019	0,359	
130°	0,347±0,022	0,333		0,261±0,015	0,269		0,325±0,012	0,325	
135°	0,297±0,016	0,292	0,388	0,230±0,011	0,238	0,307	0,269±0,013	0,288	0,382
140°	0,233±0,020	0,254		0,219±0,012	0,209		0,264±0,015	0,254	
145°	0,210±0,012	0,220		0,174±0,015	0,183		0,215±0,013	0,234	
150°	0,197±0,013	0,184		0,159±0,010	0,155		0,196±0,011	0,192	
	U								
120°	0,396±0,012	0,395							
125°	0,384±0,011	0,386							
130°	0,375±0,010	0,374							
135°	0,364±0,010	0,363	0,385						
140°	0,352±0,010	0,352							
145°	0,342±0,009	0,342							
150°	0,332±0,009	0,332							

4.4.Sadece M-tabakası ve hem L_3-alttabakası hem de M-tabakası uyarıldığında toplam M X-ışını tesir kesitleri

Deneysel toplam M X-ışını tesir kesitinin açısal dağılımı (2.72) denklemi kullanılarak ölçülmüştür. Burada a_0 ve a_1 parametreleri sadece M-tabakası ve hem M-tabakası hem de L_3–alttabakası uyarıldığında elde edilen M X-ışını diferansiyel tesir kesitinin (2.69) bağıntısına göre fit edilmesiyle elde edilen katsayılardır. Bu katsayılar çizelge 4.3 verilmiştir ve toplam M X –ışını tesir kesitleri çizelge (4.4) de verilmiştir.

Çizelge 4.3. a_ℓ $(\ell = 0,1,2)$ açısal dağılımı katsayıları

Element	Sadece M-tabakası uyarıldığında			L_3-alttabakası ve M-tabakası uyarıldığında		
	a_0	a_1	a_2	a_0	a_1	a_2
Lu	0,315	-0,009	-0,081	0,387	0,043	-0,067
Hf	0,362	-0,013	-0,101	0,311	-0,007	-0,098
Ta	0,400	0,097	-0,006	0,439	-0,025	-0,239
W	0,474	0,077	-0,117	0,371	0,060	-0,057
Os	0,536	0,081	-0,069	0,423	0,028	-0,258
Pt	0,622	-0,036	-0,164	0,490	0,041	-0,298
Au	0,708	-0,043	-0,152	0,476	0,040	-0,0325
Hg	0,760	0,071	-0,050	0,425	0,031	-0,294
Tl	0,786	-0,095	-0,219	0,475	0,065	-0,325
Pb	0,880	0,010	-0,070	0,518	0,026	-0,411
Bi	0,949	-0,049	-0,111	0,410	0,017	-0,317
Th	1,698	0,029	-0,086	0,509	0,073	-0,336
U	2,126	0,126	-0,232	0,433	0,022	-0,109

Çizelge 4.4 Toplam M X-ışını tesir kesitleri

Element	M-tabakası uyarıldığında			L_3-alttabakası ve M-tabakası uyarıldığında	
	Deneysel	Fit	Teorik	Deneysel	Teorik
Lu	3,902±0,189	4,864	3,746	4,442±0,201	4,362
Hf	4,467±0,201	4,992	4,085	3,292±0,189	3,394
Ta	5,636±0,226	5,209	4,550	4,015±0,214	4,714
W	6,440±0,251	5,516	5,041	4,304±0,189	4,073

Os	7,245±0,264	6,399	6,122	3,695±0,201	4,048
Pt	7,590±0,314	7,741	7,449	4,285±0,226	4,077
Au	8,627±0,352	8,397	8,258	5,774±0,251	4,513
Hg	9,997±0,365	9,242	9,013	3,493±0,264	4,136
Tl	9,280±0,515	10,177	9,792	3,927±0,214	4,475
Pb	11,121±0,478	11,202	10,772	3,927±0,239	4,877
Bi	11,618±0,502	12,317	11,791	3,160±0,214	3,859
Th	21,520±0,742	22,632	20,640	4,285±0,251	4,802
U	27,508±0,943	26,387	24,072	4,756±0,239	4,840

4.5. L3 –alttabakasından M-tabakasına boşluk geçiş ihtimaliyetinin açısal dağılımı

L3 –alttabakasından M-tabakasına boşluk geçiş ihtimaliyetinin teorik değerleri aşağıdaki denklem kullanılarak hesaplanmıştır.

$$\eta_{L_3M} = \frac{\sigma_M^x(2)}{\sigma_{L_3}^p(E)\varpi_M} - \frac{\sigma_M^p(E)}{\sigma_{L_3}^p(E)} \qquad (4.9)$$

burada $\sigma_M^x(2)$ hem L3-alttabakası hem de M-tabakası uyarıldığında tesir kesiti, $\sigma_M^p(E)$ ve $\sigma_{L_3}^p(E)$ sırasıyla E enerjisinde M-tabakası ve L3-alttabakası fotoiyonizasyon tesir kesiti ve ϖ_M M-tabakası floresans verimidir. L3–alttabakasından M-tabakasına boşluk geçiş ihtimaliyetinin açısal dağılımı aşağıdaki denklem kullanılarak ölçülmüştür.

$$\eta_{L_3M}^{\theta} = \frac{N_{M\theta}^2}{N_{M\theta}^1}\frac{(I_0G)_1^{\theta}}{(I_0G)_2}\frac{\beta_{M\theta}^1}{\beta_{M\theta}^2}\frac{\sigma_M^p(E_1)}{\sigma_{L_3}^p(E_1)} - \frac{\sigma_M^p(E_2)}{\sigma_{L_3}^p(E_2)} \qquad (4.10)$$

burada $\sigma_M^p(E_1)$ ve $\sigma_M^p(E_1)$ verilen element için sırasıyla E_1 ve E_2 uyarma enerjisindeki M-tabakası fotoiyonizasyon tesir kesiti, $\sigma_{L_3}^p(E_1)$ ve $\sigma_{L_3}^p(E_2)$ verilen element için E_1 ve E_2 uyarma enerjisindeki L_3-alttabakası fotoiyonizasyon tesir kesiti, $N_{M\theta}^1$ ve $N_{M\theta}^2$ ($\theta = 120°$, 125°, 130°, 135°, 140°, 145° ve 150°), sırasıyla sadece M-tabakası uyarıldığında ve hem L3-alttabakası hem de M-tabakası uyarıldığında fotopik altındaki net sayımlar, $(I_0G)_1^{\theta}$ ve $(I_0G)_2^{\theta}$, sırasıyla E_1 ve E_2 enerjisinde dedektörü gören nımune üzerine düşen uyarıcı radyasyonun şiddetleri, $\beta_{M\theta}^1$ ve $\beta_{M\theta}^2$ ise sırasıyla E_1 ve E_2 enerjisindeki hedef materyal için öz-soğurma düzeltme faktörüdür.

Çizelge 4.5. L_3-alttabakasından M-tabakasına boşluk geçiş ihtimalinin açısal dağılımı ($\eta^{\theta}_{L_3M}$)

Açı	Lu			Hf			Ta		
(°)	Deneysel	Fit	Teorik	Deneysel	Fit	Teorik	Deneysel	Fit	Teorik
120°	1,463±0,042	1,457		1,214±0,031	1,209		1,651±0,054	1,628	
125°	1,438±0,042	1,447		1,195±0,031	1,201		1,567±0,057	1,590	
130°	1,436±0,042	1,439		1,184±0,034	1,191		1,503±0,061	1,537	
135°	1,435±0,041	1,432	1,487	1,185±0,032	1,179	1,473	1,490±0,049	1,467	1,460
140°	1,431±0,038	1,426		1,170±0,029	1,167		1,415±0,049	1,395	
145°	1,424±0,038	1,422		1,163±0,030	1,156		1,345±0,044	1,326	
150°	1,413±0,036	1,419		1,137±0,030	1,144		1,223±0,044	1,249	
	W			Os			Pt		
120°	1,470±0,052	1,463		1,571±0,068	1,589		1,421±0,071	1,409	
125°	1,458±0,050	1,466		1,579±0,069	1,510		1,268±0,076	1,319	
130°	1,443±0,054	1,453		1,322±0,056	1,409		1,268±0,076	1,212	
135°	1,427±0,050	1,423	1,466	1,316±0,056	1,287	1,419	1,108±0,068	1,091	1,393
140°	1,437±0,052	1,384		1,172±0,050	1,165		0,922±0,045	0,974	
145°	1,304±0,046	1,342		1,064±0,047	1,052		0,873±0,038	0,868	
150°	1,292±0,052	1,291		0,917±0,045	0,929		0,765±0,042	0,753	
	Au			Hg			Tl		
120°	1,349±0,062	1,354		1,398±0,091	1,417		1,360±0,068	1,374	
125°	1,246±0058	1,262		1,375±0,068	1,303		1,329±0,055	1,243	
130°	1,193±0,054	1,137		1,081±0,085	1,167		0,977±0,044	1,096	
135°	0,954±0,047	0,979	1,380	1,045±0,059	1,011	1,367	0,944±0,055	0,935	1,354
140°	0,800±0,044	0,817		0,818±0,053	0,861		0,774±0,061	0,784	
145°	0,653±0,044	0,663		0,804±0,050	0,723		0,773±0,064	0,649	
150°	0,509±0,023	0,492		0,537±0,039	0,576		0,430±0,027	0,507	

Çizelge 4.5'in devamı

Açı (°)	Pb Deneysel	Pb Fit	Pb Teorik	Bi Deneysel	Bi Fit	Bi Teorik	Th Deneysel	Th Fit	Th Teorik
120°	1,354±0,067	1,396		1,353±0,074	1,400		1,234±0,065	1,260	
125°	1,283±0,039	1,253		1,369±0,084	1,261		1,161±0,060	1,116	
130°	1,158±0,074	1,089		1,052±0,061	1,102		0,980±0,030	0,962	
135°	0,922±0,050	1,904	1,342	0,875±0,043	0,923	1,329	0,720±0,035	0,797	1,245
140°	0,628±0,054	0,728		0,818±0,045	0,754		0,710±0,040	0,648	
145°	0,522±0,030	0,570		0,554±0,048	0,603		0,479±0,029	0,517	
150°	0,473±0,031	0,401		0,463±0,029	0,442		0,396±0,022	0,518	

Açı (°)	U Deneysel	U Fit	U Teorik
120°	1,192±0,040	1,185	
125°	1,157±0,035	1,165	
130°	1,126±0,032	1,141	
135°	1,141±0,034	1,115	1,222
140°	1,077±0,033	1,088	
145°	1,071±0,030	1,064	
150°	1,033±0,030	1,037	

4.6. L X-ışınlarının polarizasyonunun ölçülmesi

Deneysel L X-ışını lineer polarizasyon yüzdesi

$$\%P = \frac{(N_{II} / N_{\perp} - 1)(R+1)}{(N_{II} / N_{\perp} + 1)(R-1)} 100 \tag{4.11}$$

şeklinde verilir (Kahlon et al. 1991, Siegbahn 1974). Burada N_{II} ve $N_{\perp}$ sırasıyla gelen X-ışınlarının elektrik vektörüne paralel ve dik durumdaki saçılan X-ışınlarının şiddetidir. R ise polarizatörün hassasiyeti olup

$$R = \frac{d\sigma(\theta = 90^0)}{d\sigma(\theta = 0^0)} \tag{4.12}$$

ile verilir. Burada $d\sigma(\theta = 90^0)$ ve $d\sigma(\theta = 0^0)$, sırasıyla 90° ve 0°'lik saçılma açılarında Klein-Nishina denklemidir. Saçıcı için R=2,67±0,04 olarak ölçülmüştür (Kahlon et al. 1991). Karakteristik L X-ışınların polarizasyon dereceleri çizelge 4.6(a,b) verilmiştir.

Çizelge 4.6. (a) Gelen X-ışınlarının ($N_{II} / N_{\perp}$) elektrik alan vektörüne paralel ve dik doğrultularda saçılan X-ışını şiddeti oranları ve polarizasyon yüzdeleri (% P)

	$L\ell$		$L\alpha$	
Element	$N_{II} / N_{\perp}$	$\% P$	$N_{II} / N_{\perp}$	$\% P$
Tb	2,41±0,15	90,86±3,28	1,15±0,04	15,33±1,23
Dy	2,39±0,15	90,10±3,25	1,17±0,02	17,22±1,03
Ho	2,38±0,14	89,72±2,61	1,19±0,02	19,07±1,14
Er	2,37±0,13	89,34±2,58	1,18±0,03	18,15±1,27
Lu	2,35±0,16	88,56±3,54	1,15±0,04	15,33±1,23
Hf	2,36±0,15	88,95±3,21	1,21±0,04	20,88±1,67
Ta	2,33±0,15	87,77±3,17	1,17±0,03	17,22±1,21
W	2,36±0,16	88,95±3,56	1,18±0,02	18,15±1,09
Os	2,31±0,14	86,97±2,82	1,19±0,01	19,07±0,95
Pt	2,28±0,13	85,76±2,48	1,20±0,06	19,98±2,00
Au	2,26±0,13	84,93±2,45	1,23±0,04	22,67±1,81
Hg	2,29±0,12	86,17±2,21	1,24±0,02	23,55±1,41
Tl	2,23±0,12	83,69±2,14	1,25±0,03	24,41±1,71
Pb	2,21±0,10	82,83±1,62	1,29±0,04	27,83±2,23
Bi	2,20±0,10	82,41±1,62	1,28±0,05	26,99±2,43
Th	2,18±0,11	81,55±1,83	1,30±0,05	28,66±2,58
U	2,11±0,10	78,44±1,54	1,34±0,06	31,93±3,19

Çizelge 4.6. (b) Gelen X-ışınlarının ($N_{II} / N_{\perp}$) elektrik alan vektörüne paralel ve dik doğrultularda saçılan X-ışını şiddeti oranları ve polarizasyon yüzdeleri (% P)

	$L\beta$		$L\gamma$	
Element	$N_{II} / N_{\perp}$	$\% P$	$N_{II} / N_{\perp}$	$\% P$
Tb	1,06±0,01	6,40±0,32	1,09±0,03	9,46±0,66
Dy	1,07±0,01	7,43±0,37	1,08±0,03	8,45±0,59
Ho	1,09±0,01	9,46±0,47	1,05±0,02	5,36±0,32

Er	1,10±0,01	10,46±0,52	1,07±0,04	7,43±0,59
Lu	1,11±0,02	11,46±0,69	1,06±0,03	6,40±0,45
Hf	1,14±0,01	14,38±0,72	1,01±0,04	1,09±0,09
Ta	1,13±0,03	13,41±0,94	1,03±0,03	3,25±0,23
W	1,12±0,03	12,44±0,87	1,09±0,04	9,46±0,76
Os	1,18±0,02	18,15±1,09	1,04±0,04	4,31±0,34
Pt	1,12±0,03	12,44±0,87	1,05±0,05	5,36±0,48
Au	1,11±0,04	11,46±0,92	1,03±0,04	3,25±0,26
Hg	1,18±0,04	18,15±1,45	1,02±0,04	2,18±0,17
Tl	1,11±0,06	11,46±1,15	1,09±0,06	9,46±0,95
Pb	1,19±0,05	19,07±1,72	1,08±0,05	8,45±0,76
Bi	1,12±0,06	12,44±1,24	1,04±0,04	4,31±0,34
Th	1,29±0,06	27,83±2,78	1,06±0,04	6,40±0,51
U	1,30±0,06	28,66±2,87	1,04±0,05	4,30±0,39

4.7. $L\ell$ X-ışınlarının anizotropi parametresinin tayini

Deneysel $L\ell$ X-ışını anizotropi parametresi aşağıdaki denklem kullanılarak ölçülmüştür (Berezko ve Kabachnik 1977).

$$A_\ell = \frac{\%2P}{\alpha(\%P - 300)} \qquad (4.13)$$

Burada % P $L\ell$ X-ışınlarının % lineer polarizeliği olup (4.11) denklem vasıtası ile bulunmuştur. α ise $L\ell$ X-ışınları için lineer polarizelik katsayısı olup Folkmannet et al. (1984) makalesinden alınmıştır. Karakteristik $L\ell$ X-ışınlarının anizotropi parametreleri çizelge 4.7'de verilmiştir.

Çizelge 4.7. $L\ell$ X-ışınlarının anizotropi parametreleri (A_ℓ)

Element	Anizotropi parametresi
Tb	-1,738±0,05
Dy	-1,717±0,05
Ho	-1,707±0,04
Er	-1,696±±0,04
Lu	-1,675±0,05

Hf	-1,686±0,04
Ta	-1,654±0,04
W	-1,686±0,04
Os	-1,633±0,04
Pt	-1,601±0,03
Au	-1,580±0,03
Hg	-1,612±0,02
Tl	-1,548±0,03
Pb	-1,526±0,02
Bi	-1,515±0,02
Th	-1,493±0,01
U	-1,416±0,01

5. ARAŞTIRMA BULGULARI ve TARTIŞMA

5.1. Dedektör veriminin açısal dağılımı ölçüm sonuçları

$71 \leq Z \leq 92$ aralığında olan bazı elementlerin 5,96 keV'lik uyarma enerjisinde M X- ışını diferansiyel tesir kesitlerinin açısal dağılımı elde etmek için, bu atomik aralıktaki elementlerin M X-ışınlarının enerji aralığı olan 1,521 ile 3,337 keV için dedektör verimi ve geometri faktörü içeren $I_0 G \varepsilon$ etkin foton akısını'nın tayin edilmesi gerekir. Bu enerji aralığını kapsayan etkin foton akısı, Al , Si, P, S, Cl, K, Ca ve Ti elementlerinin karakteristik K X- ışınlarını 120° saçılma açısından 150° saçılma açısına kadar 5°'lik adımlarla ölçülerek tayin edilmiştir. $I_0 G \varepsilon_{K\alpha}$'nın enerjinin fonksiyonu olarak değişimi şekil 5.1. şekil 5.2 (a,b), şekil 5.3. (a,b) ve şekil 5.4. (a,b). verilmiştir.

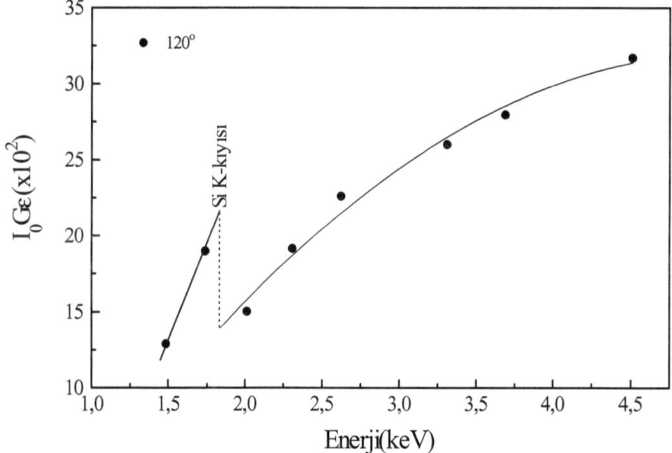

Şekil 5.1. 5,96 keV'lik uyarma enerjisinde, 120°'lik saçılma açısında $I_0 G \varepsilon_{K\alpha}$'nın enerjinin fonksiyonu olarak değişimi

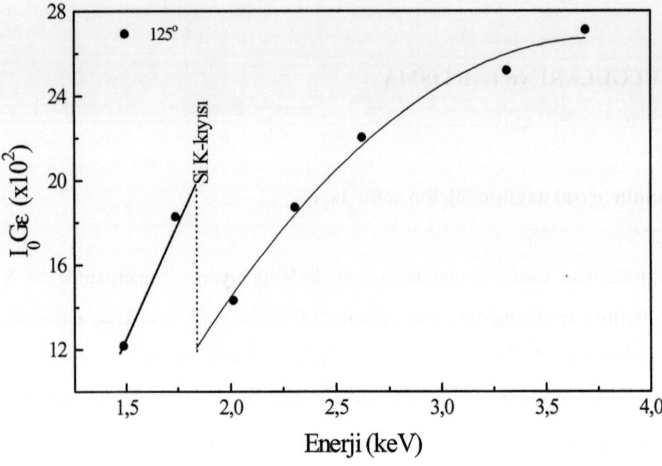

a)

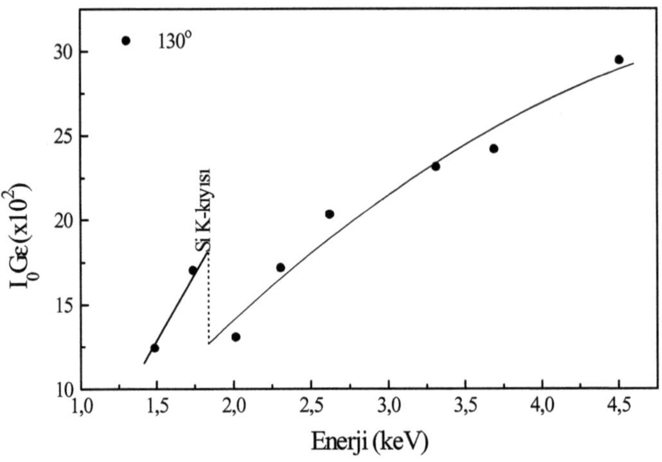

b)

Şekil 5.2. 5,96 keV'lik uyarma enerjisinde a) 125°'lik saçılma açısında b) 130°'lik saçılma açısında $I_0G\varepsilon_{K\alpha}$'nın enerjinin fonksiyonu olarak değişimi

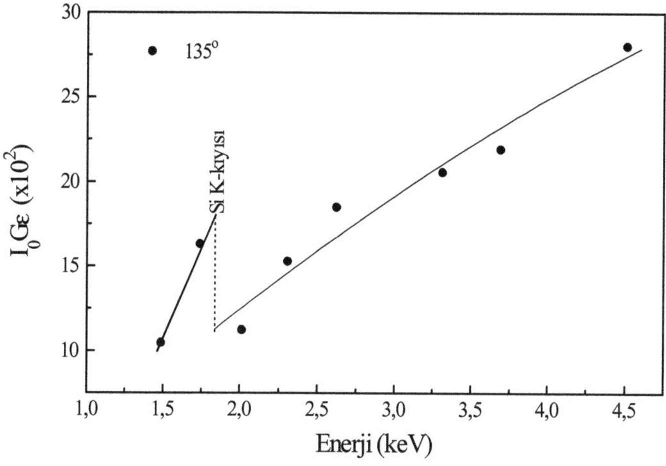

a)

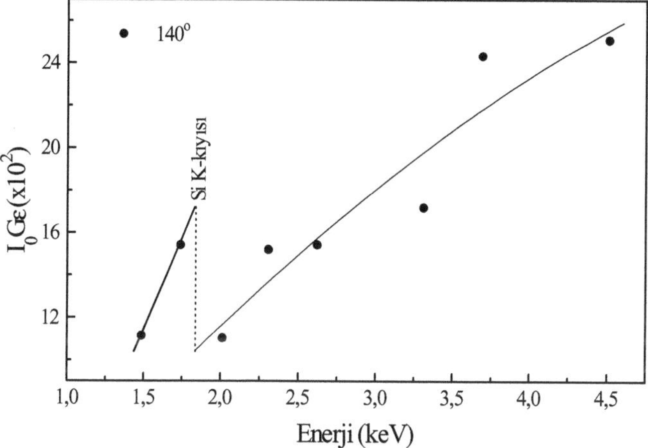

b)

Şekil 5.3. 5,96 keV'lik uyarma enerjisinde a) 135°'lik saçılma açısında b) 140°'lik saçılma açısında $I_0 G\varepsilon_{K\alpha}$'nın enerjinin fonksiyonu olarak değişimi

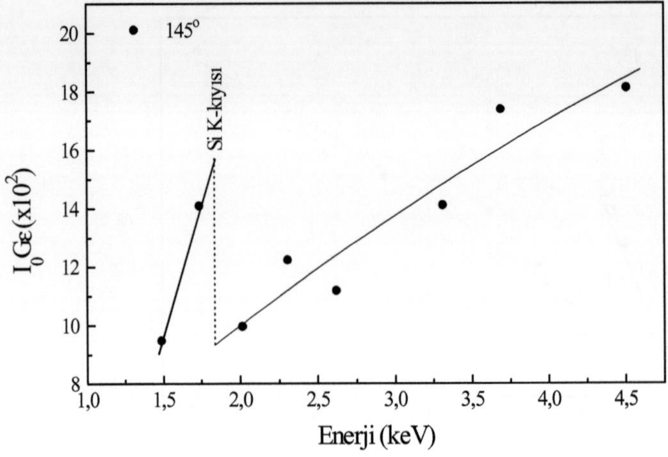

a)

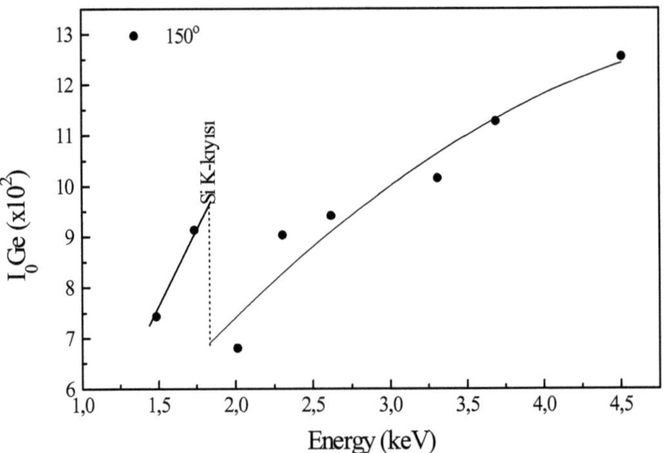

b)

Şekil 5.4. 5,96 keV'lik uyarma enerjisinde a) 145°'lik saçılma açısında b) 150°'lik saçılma açısında $I_0 G\varepsilon_{K\alpha}$'nın enerjinin fonksiyonu olarak değişimi

$71 \leq Z \leq 92$ aralığında olan bazı elementlerin hem L_3-alttabakasını hemde M-tabakasının Zn, Ga, Ge, As, Se, Br, Rb, Nb ve Mo,'in K X-ışınları kullanılarak uyarılmıştır. Böylece M X-ışını diferansiyel tesir kesitlerinin açısal dağılımının belirlenmesi ölçümlerinde geometri değiştiğinden (bak şekil 3.4) aynı enerji aralığı için (1,521 ile 3,337 keV) $I_0 G\varepsilon$ etkin foton akısını'nın tayin edilmesi gerekmektedir. Bunun için Al, Si, P, S, Cl, K, Ca ve Ti elementlerini Zn, Ga, Ge, As, Se, Br, Rb, Nb, ve Mo'ın K X-ışınları ile uyararak, elementlerin K X ışınları 120° saçılma açısından 150° saçılma açısına kadar 5°'lik adımlarla ölçülmüştür. $I_0 G\varepsilon_{K\alpha}$'nın enerjinin fonksiyonu olarak değişimi şekil 5.5., şekil 5.6 (a,b), şekil 5.7. (a,b), şekil 5.8. (a,b), şekil 5.9. (a,b) , şekil 5.10. (a,b), şekil 5.11. (a,b), şekil 5.12., şekil 5.13., şekil 5.14. (a,b), şekil 5.15. (a,b), şekil 5.16. (a,b), şekil 5.17. (a,b), şekil 5.18. (a,b), şekil 5.19. (a,b) , şekil 5.20., şekil 5.21., şekil 5.22. (a,b), şekil 5.23. (a,b), şekil 5.24. (a,b), şekil 5.25. (a,b), şekil 5.26. (a,b), şekil 5.27. (a,b), şekil 5.28., şekil 5.29., şekil 5.30. (a,b), şekil 5.31. (a,b), şekil 5.32. (a,b), şekil 5.33. (a,b), şekil 5.34. (a,b), şekil 5.35. (a,b), şekil 5.36., şekil 5.37., şekil 5.38. (a,b), şekil 5.39. (a,b), şekil 5.40. (a,b) verilmiştir.

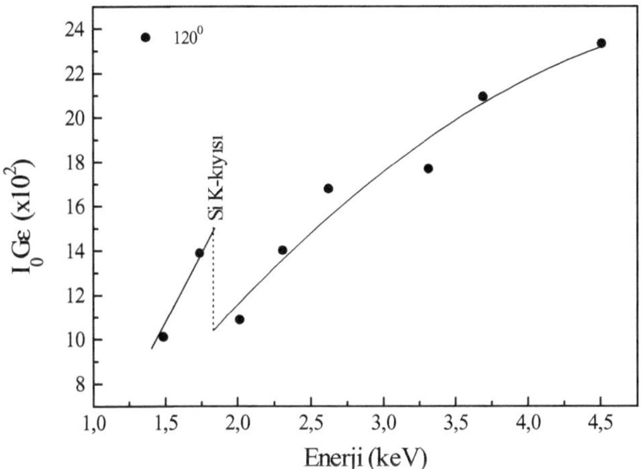

Şekil 5.5. 9,572 keV'lik uyarma enerjisinde, 120°'lik saçılma açısında $I_0 G\varepsilon_{K\alpha}$'nın enerjinin fonksiyonu olarak değişimi

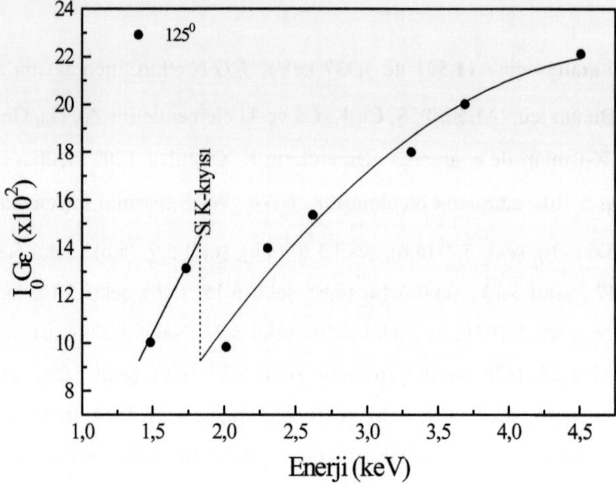

a)

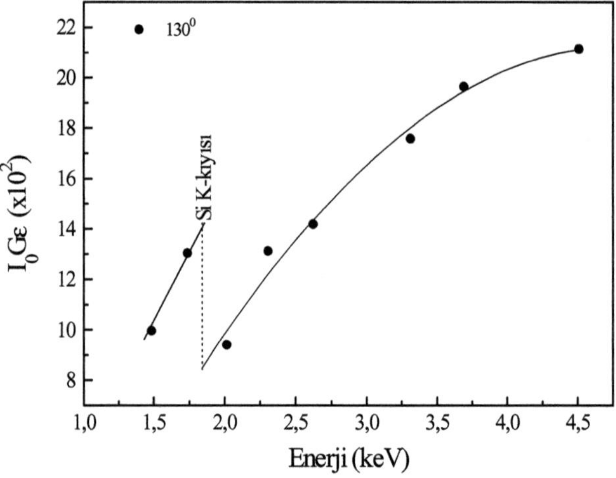

b)

Şekil 5.6. 9,572 keV'lik uyarma enerjisinde, a) 125°'lik saçılma açısında, b) 130°'lik saçılma açısında $I_0 G\varepsilon_{K\alpha}$'nın enerjinin fonksiyonu olarak değişimi

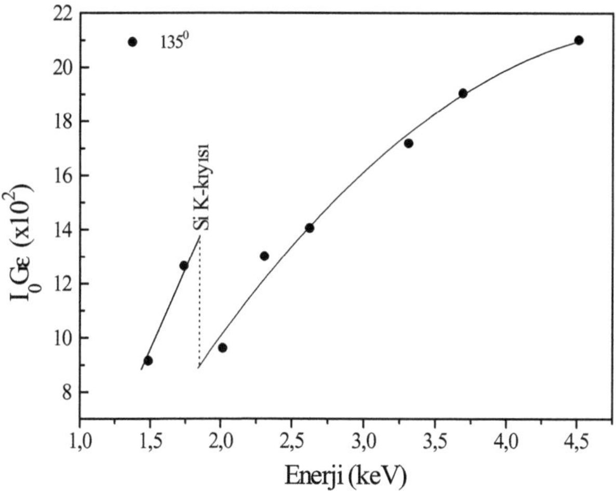

a)

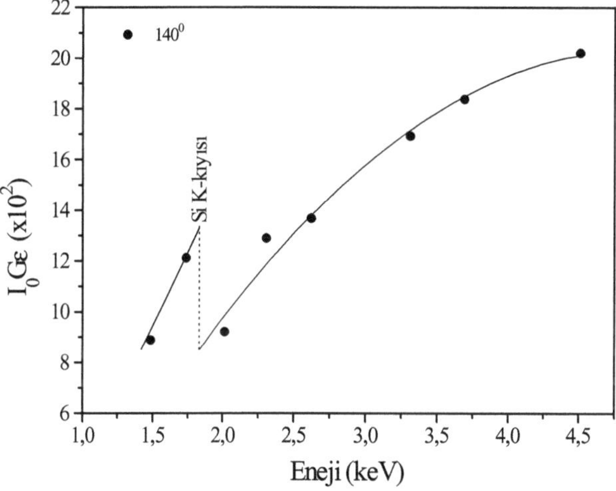

b)

Şekil 5.7. 9,572 keV'lik uyarma enerjisinde, a) 135°'lik saçılma açısında, b) 140°'lik saçılma açısında $I_0 G\varepsilon_{K\alpha}$'nın enerjinin fonksiyonu olarak değişimi

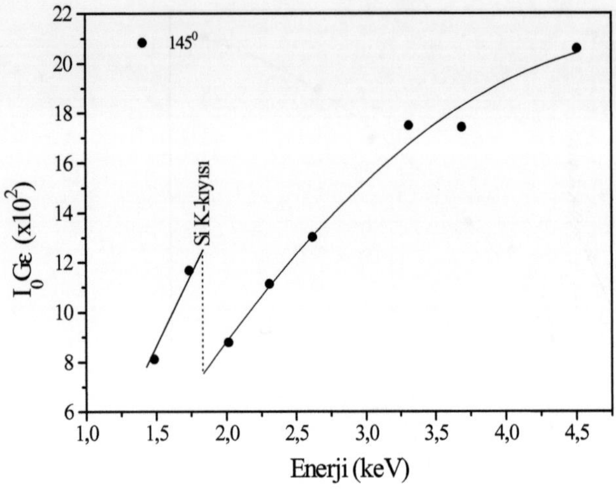

a)

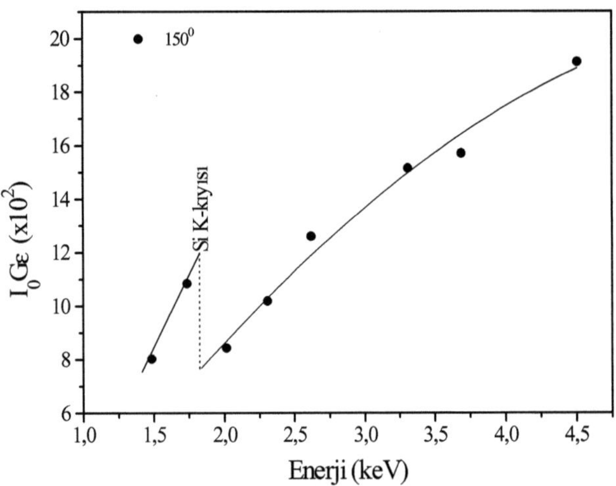

b)

Şekil 5.8. 9,572 keV'lik uyarma enerjisinde, a) 145°'lik saçılma açısında, b) 150°'lik saçılma açısında $I_0 G\varepsilon_{K\alpha}$'nın enerjinin fonksiyonu olarak değişimi

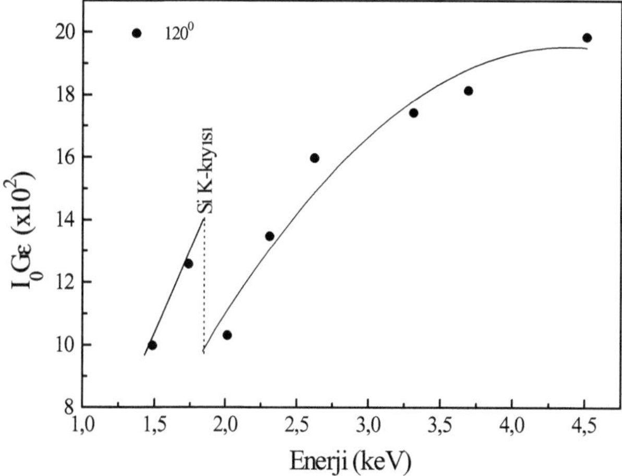

a)

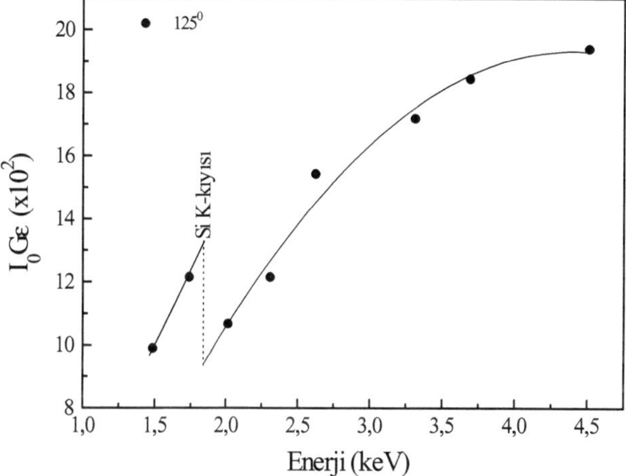

b)

Şekil 5.9. 10,263 keV'lik uyarma enerjisinde, a) 120°'lik saçılma açısında, b) 125°'lik saçılma açısında $I_0 G \varepsilon_{K\alpha}$'nın enerjinin fonksiyonu olarak değişimi

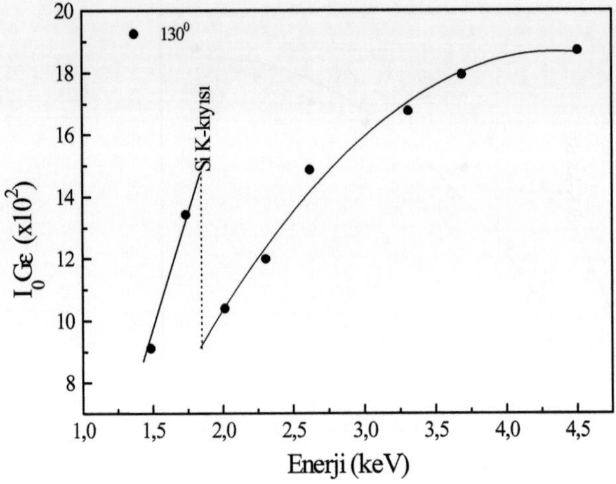

a)

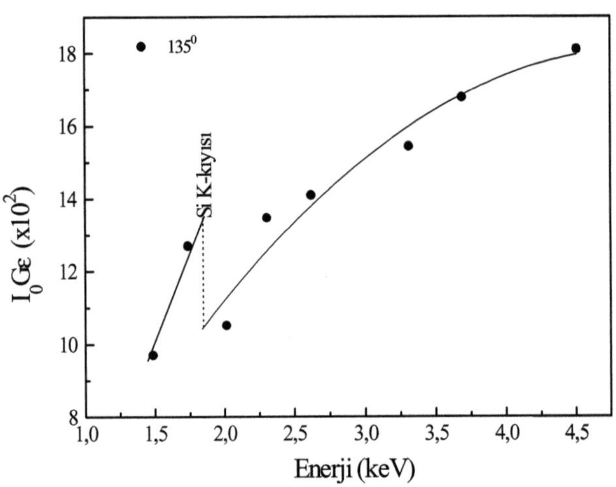

b)

Şekil 5.10. 10,263 keV'lik uyarma enerjisinde, a) 130°'lik saçılma açısında, b) 135°'lik saçılma açısı için, $I_0G\varepsilon_{K\alpha}$'nın enerjinin fonksiyonu olarak değişimi

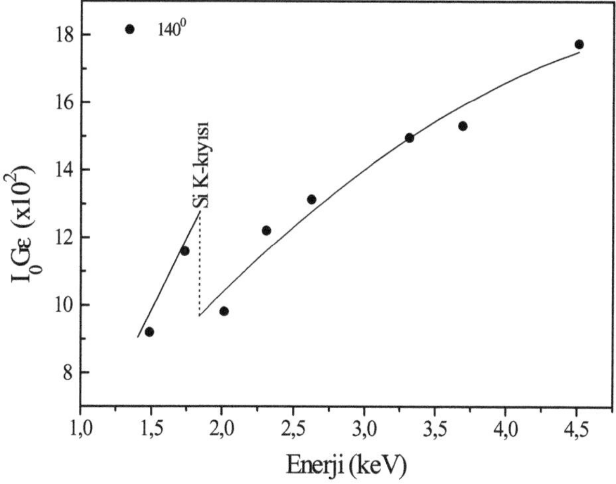

a)

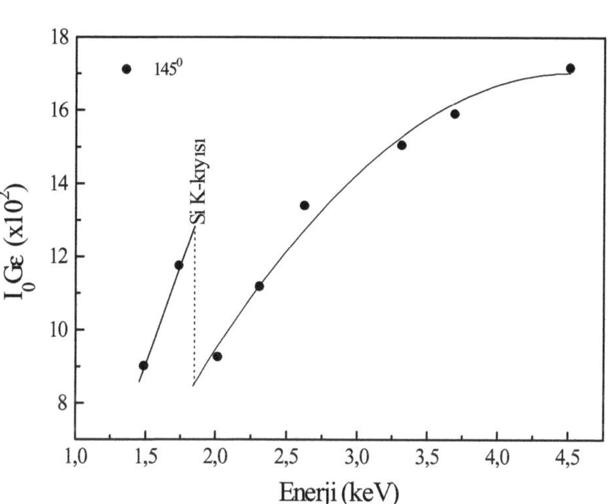

b)

Şekil. 5.11. 10,263 keV'lik uyarma enerjisinde, a) 140°'lik saçılma açısında, b) 145°'lik saçılma açısında $I_0 G\varepsilon_{K\alpha}$'nın enerjinin fonksiyonu olarak değişimi

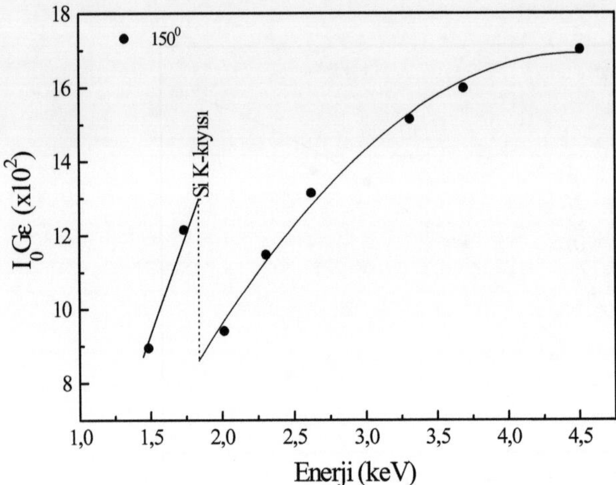

Şekil 5.12. 10,263 keV'lik uyarma enerjisinde, 150°'lik saçılma açısında $I_0G\varepsilon_{K\alpha}$'nın enerjinin fonksiyonu olarak değişimi

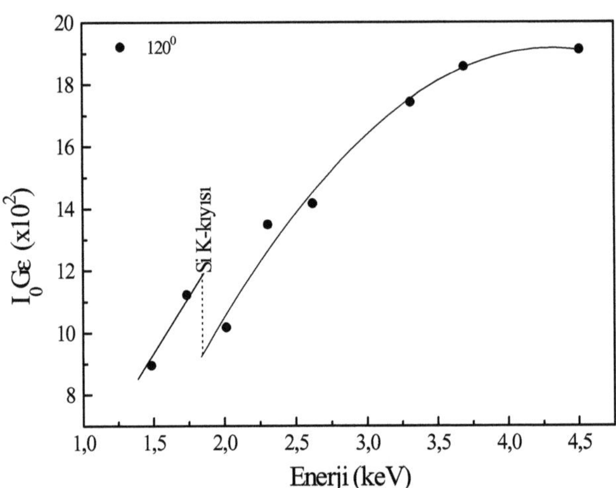

Şekil. 5.13. 10,983 keV'lik uyarma enerjisinde, 120°'lik saçılma açısında $I_0G\varepsilon_{K\alpha}$'nın enerjinin fonksiyonu olarak değişimi

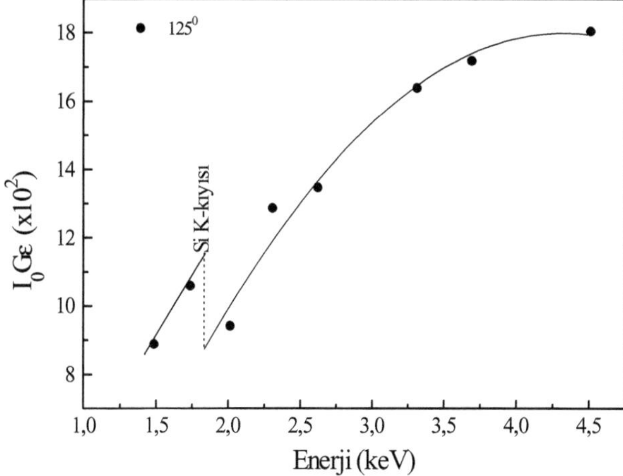

a)

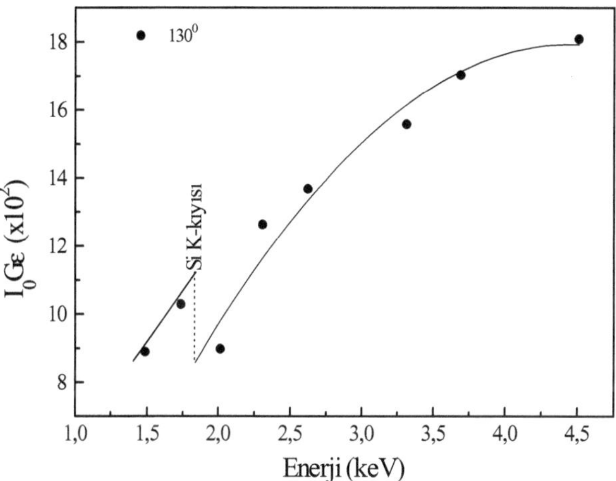

b)

Şekil. 5.14. 10,983 keV'lik uyarma enerjisinde, a) 125°'lik saçılma açısında, b) 130°'lik saçılma açısında $I_0 G \varepsilon_{K\alpha}$'nın enerjinin fonksiyonu olarak değişimi

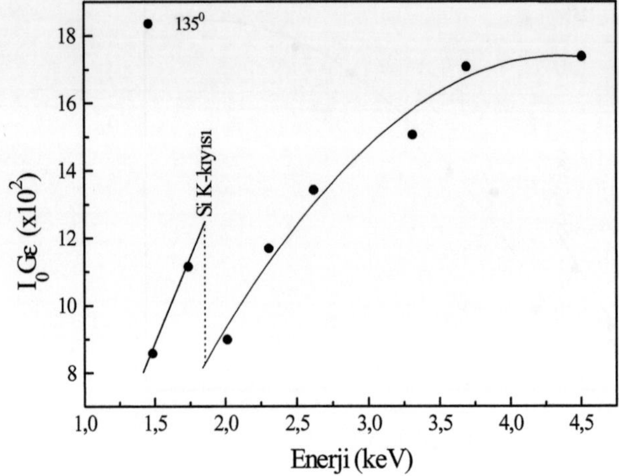

a)

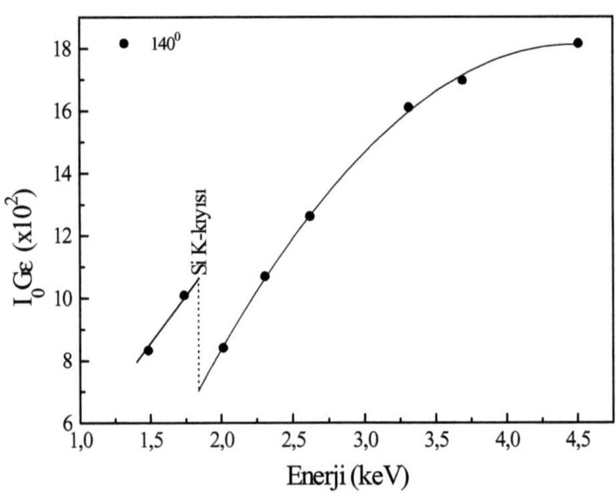

b)

Şekil. 5.15. 10,983 keV'lik uyarma enerjisinde, a) 135°'lik saçılma açısında, b) 140°'lik saçılma açısında $I_0 G\varepsilon_{K\alpha}$'nın enerjinin fonksiyonu olarak değişimi

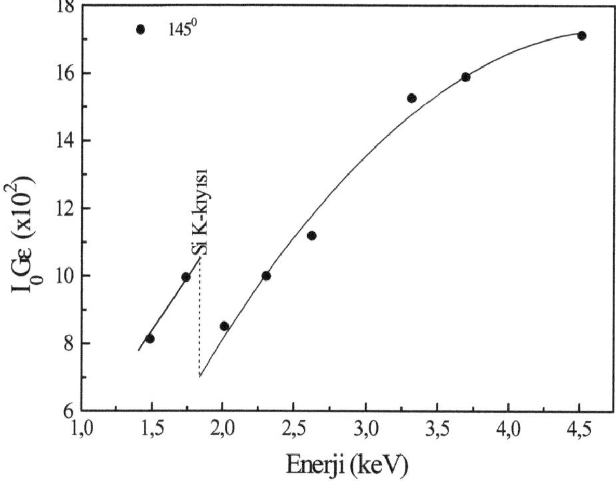

a)

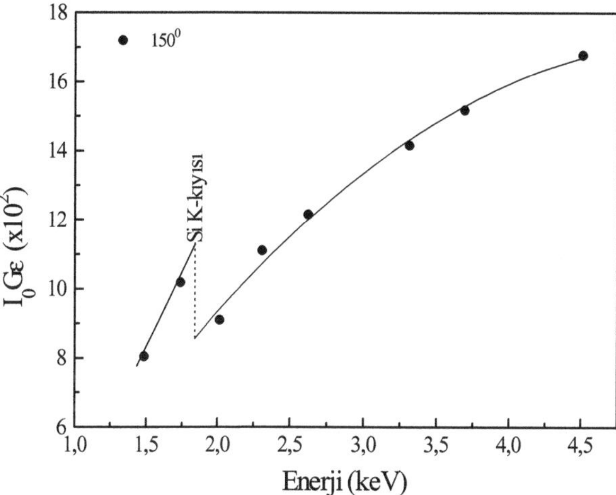

b)

Şekil. 5.16. 10,983 keV'lik uyarma enerjisinde, a) 145°'lik saçılma açısında, b) 150°'lik saçılma açısında $I_0 G\varepsilon_{K\alpha}$'nın enerjinin fonksiyonu olarak değişimi

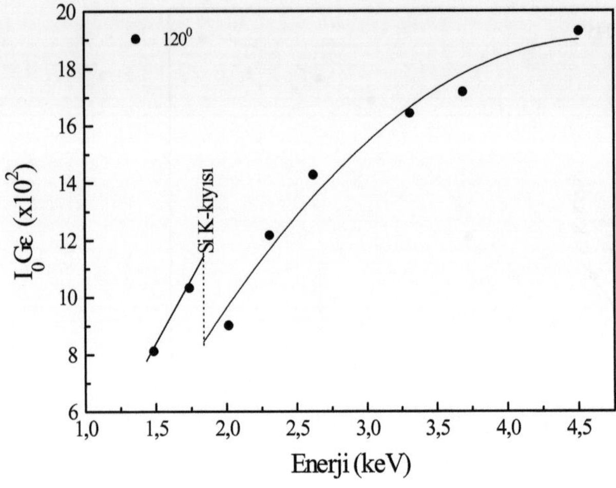

a)

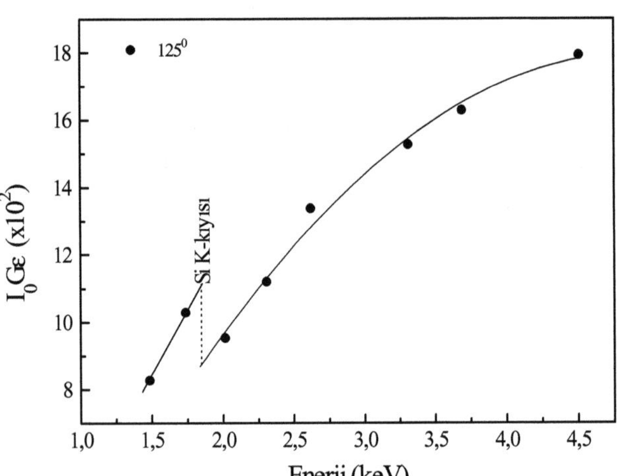

b)

Şekil 5.17. 11,730 keV'lik uyarma enerjisinde, a) 120°'lik saçılma açısında, b) 125°'lik saçılma açısı için $I_0G\varepsilon_{K\alpha}$'nın enerjinin fonksiyonu olarak değişimi

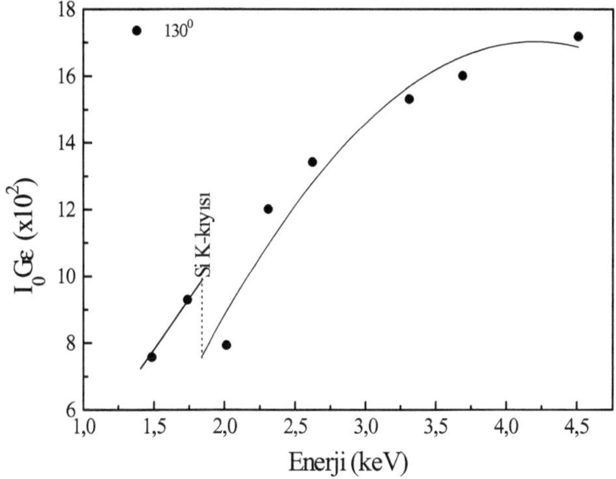

a)

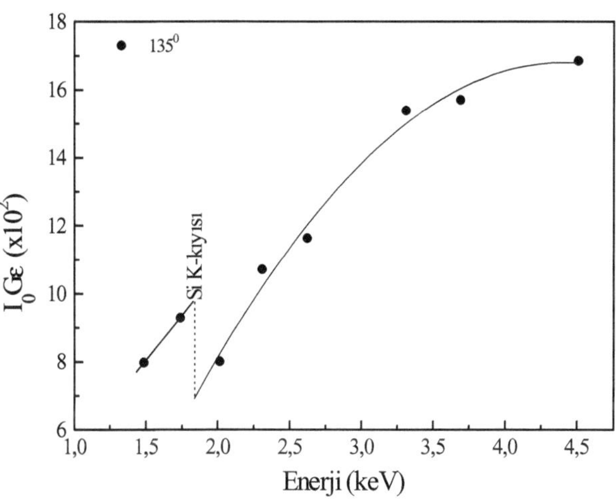

b)

Şekil 5.18. 11,730 keV'lik uyarma enerjisinde, a) 130°'lik saçılma açısında, b) 135°'lik saçılma açısında $I_0 G\varepsilon_{K\alpha}$'nın enerjinin fonksiyonu olarak değişimi

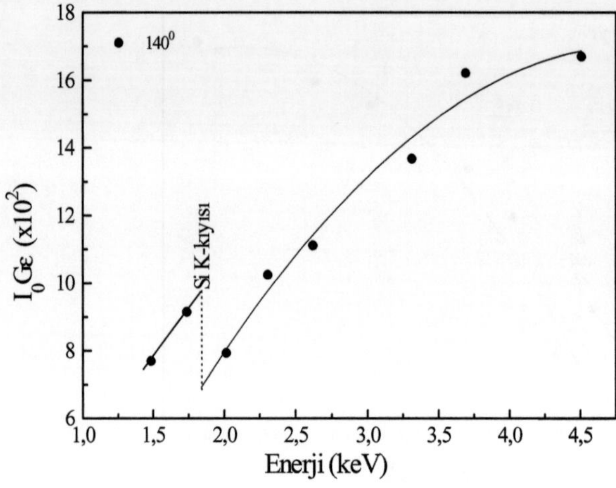

a)

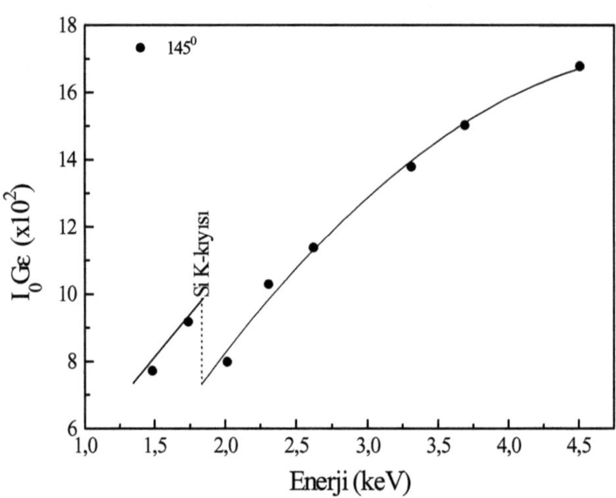

b)

Şekil 5.19. 11,730 keV'lik uyarma enerjisinde, a) 140°'lik saçılma açısında, b) 145°'lik saçılma açısında $I_0G\varepsilon_{K\alpha}$'nın enerjinin fonksiyonu olarak değişimi

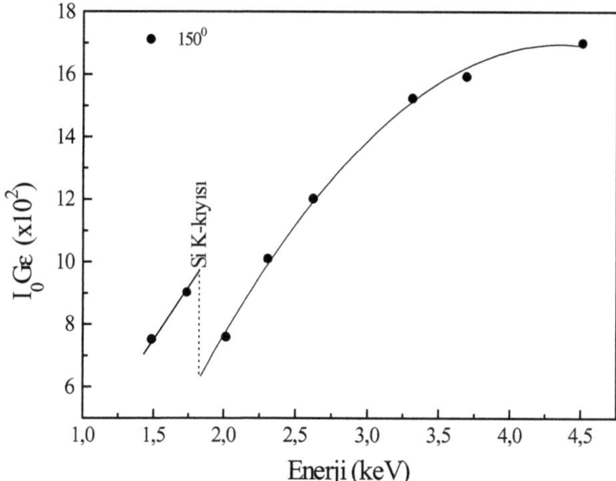

Şekil 5.20. 11,730 keV'lik uyarma enerjisinde 150°'lik saçılma açısında, $I_0G\varepsilon_{K\alpha}$'nın enerjinin fonksiyonu olarak değişimi

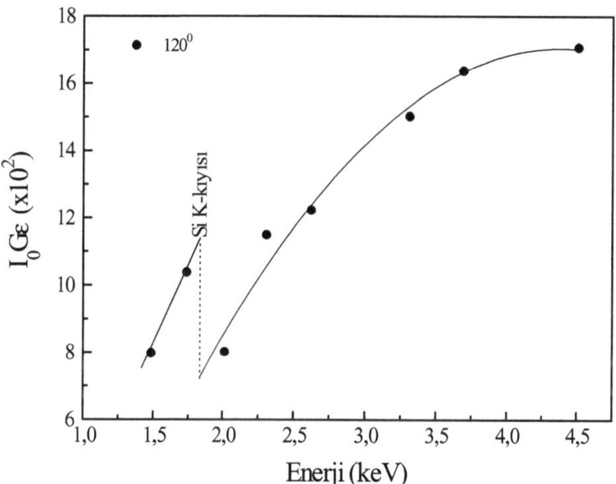

Şekil 5.21. 12,503 keV'lik uyarma enerjisinde 120°'lik saçılma açısında, $I_0G\varepsilon_{K\alpha}$'nın enerjinin fonksiyonu olarak değişimi

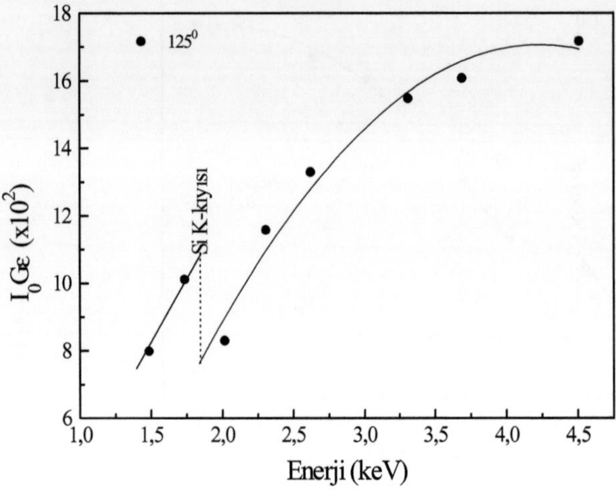

a)

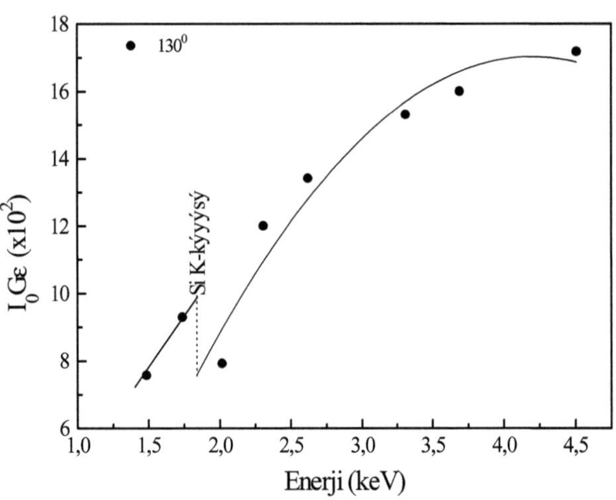

b)

Şekil 5.22. 12,503 keV'lik uyarma enerjisinde a) 125°'lik saçılma açısında, b) 130°'lik saçılma açısında $I_0 G\varepsilon_{K\alpha}$'nın enerjinin fonksiyonu olarak değişimi

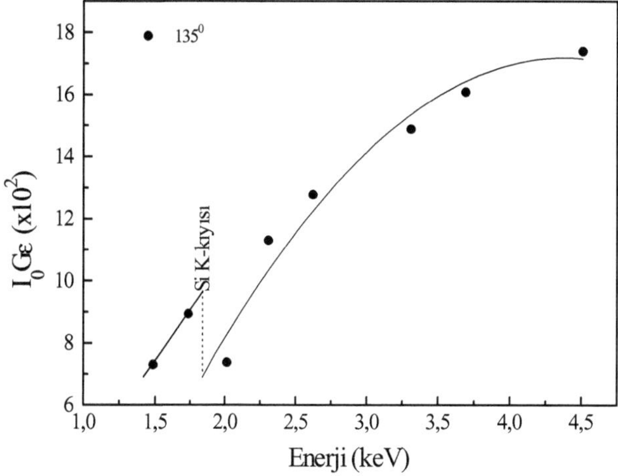

a)

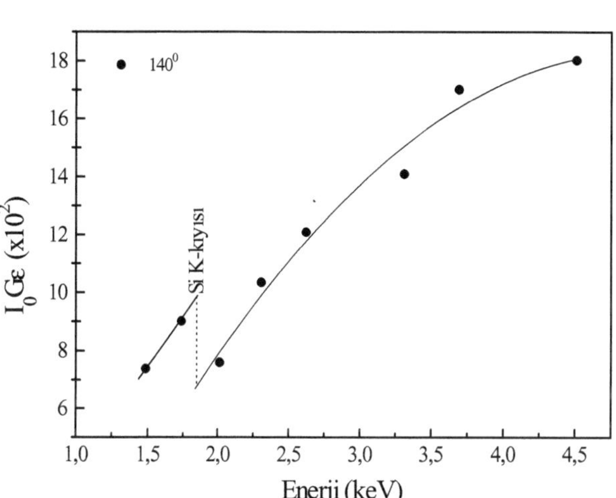

b)

Şekil 5.23. 12,503 keV'lik uyarma enerjisinde a) 135°'lik saçılma açısında, b) 140°'lik saçılma açısında $I_0 G\varepsilon_{K\alpha}$'nın enerjinin fonksiyonu olarak değişimi

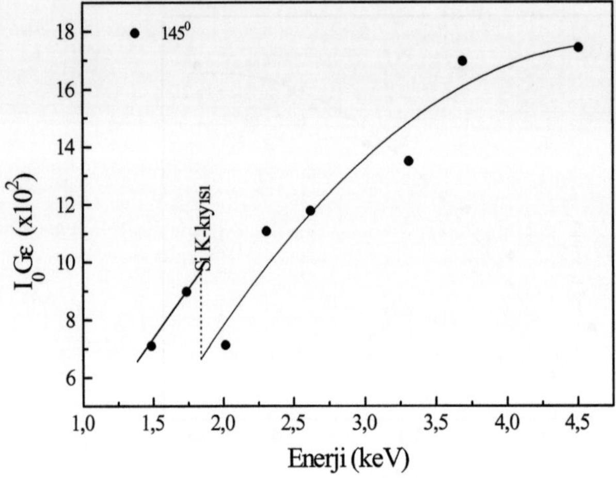

a)

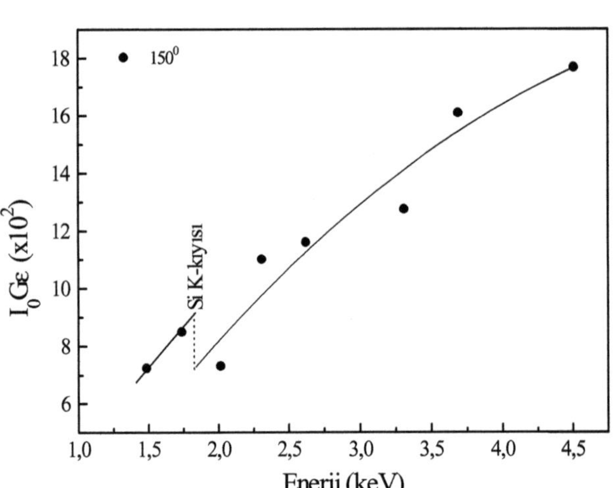

b)

Şekil 5.24. 12,503 keV'lik uyarma enerjisinde a) 145°'lik saçılma açısında, b) 150°'lik saçılma açısında $I_0 G\varepsilon_{K\alpha}$'nın enerjinin fonksiyonu olarak değişimi

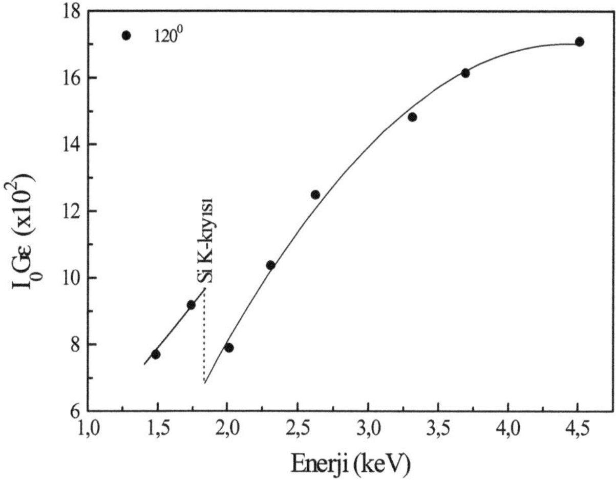

a)

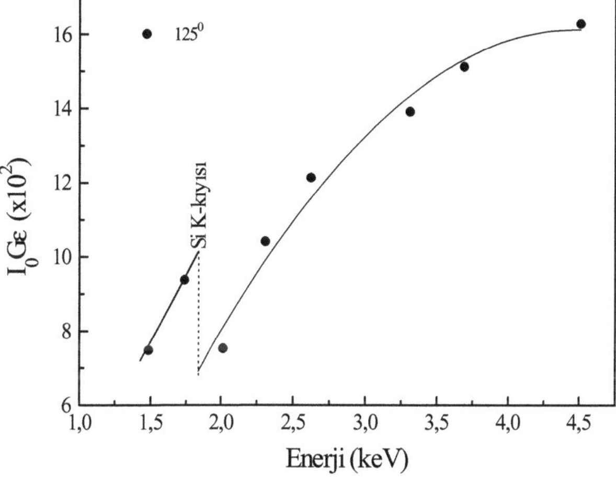

b)

Şekil 5.25. 13,300 keV'lik uyarma enerjisinde a) 120°'lik saçılma açısında, b) 125°'lik saçılma açısında $I_0 G\varepsilon_{K\alpha}$'nın enerjinin fonksiyonu olarak değişimi

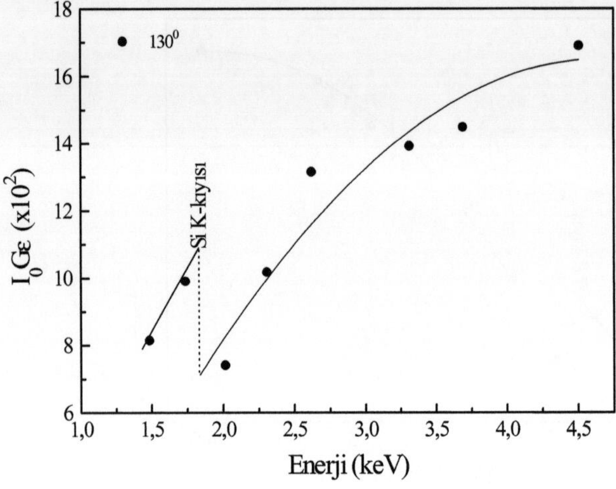

a)

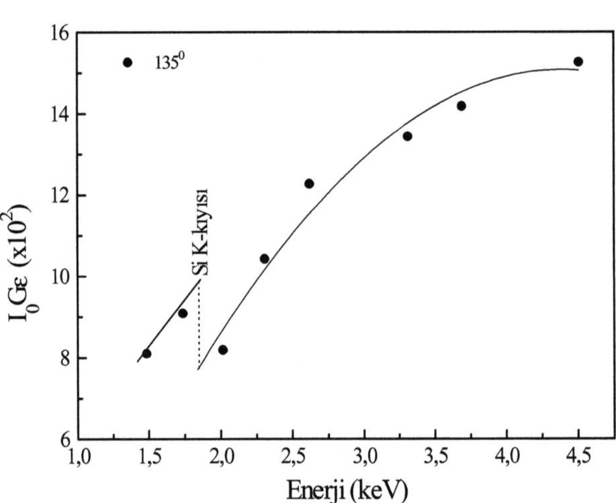

b)

Şekil 5.26. 13,300 keV'lik uyarma enerjisinde a) 130°'lik saçılma açısında, b) 135°'lik saçılma açısında $I_0 G\varepsilon_{K\alpha}$'nın enerjinin fonksiyonu olarak değişimi

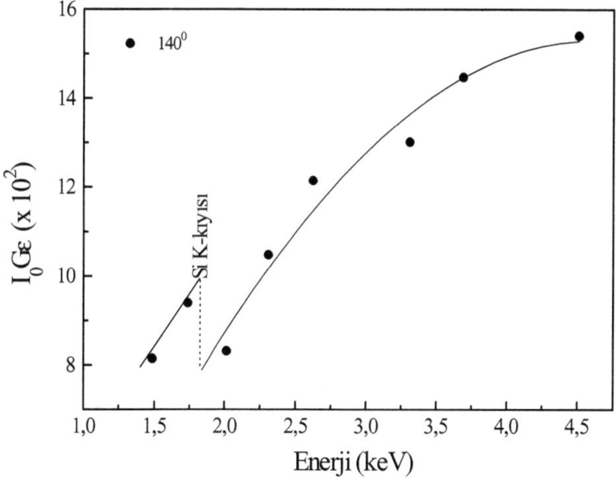

a)

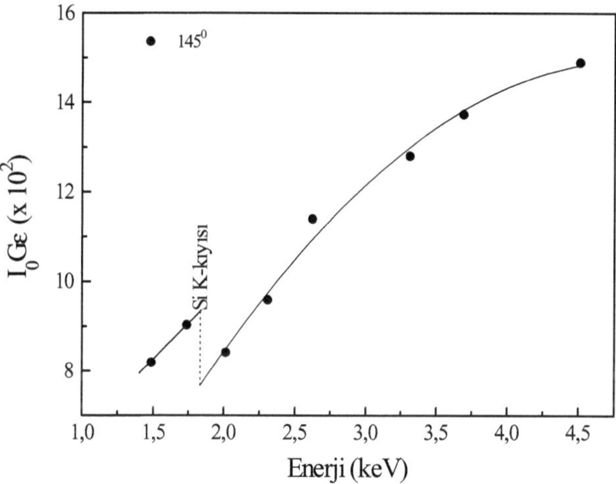

b)

Şekil 5.27. 13,300 keV'lik uyarma enerjisinde a) 140°'lik saçılma açısında, b) 145°'lik saçılma açısında $I_0 G\varepsilon_{K\alpha}$'nın enerjinin fonksiyonu olarak değişimi

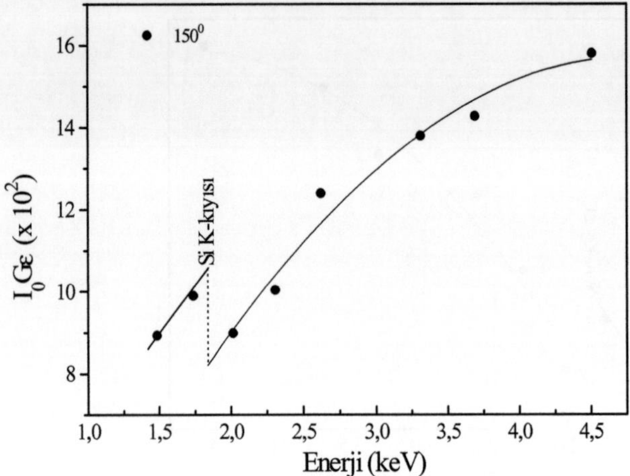

Şekil 5.28. 13,300 keV'lik uyarma enerjisinde 150°'lik saçılma açısında, $I_0 G \varepsilon_{K\alpha}$'nın enerjinin fonksiyonu olarak değişimi.

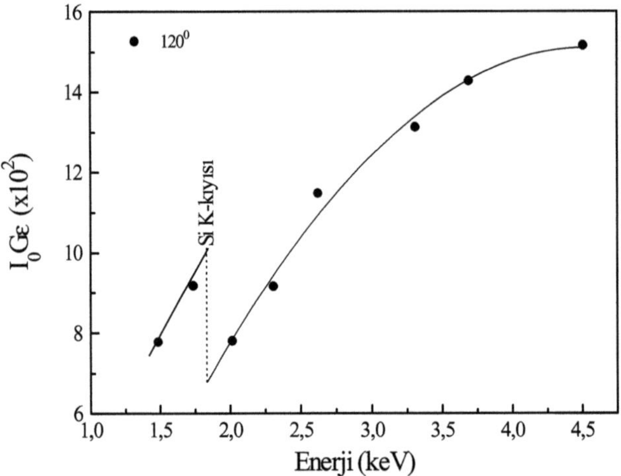

Şekil 5.29. 14,980 keV'lik uyarma enerjisinde 120°'lik saçılma açısında, $I_0 G \varepsilon_{K\alpha}$'nın enerjinin fonksiyonu olarak değişimi

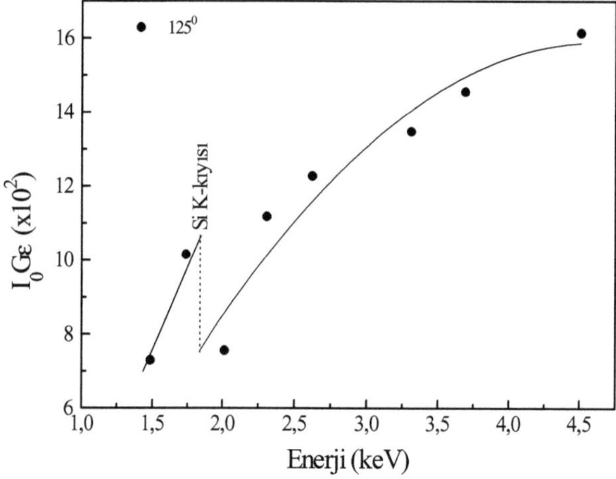

a)

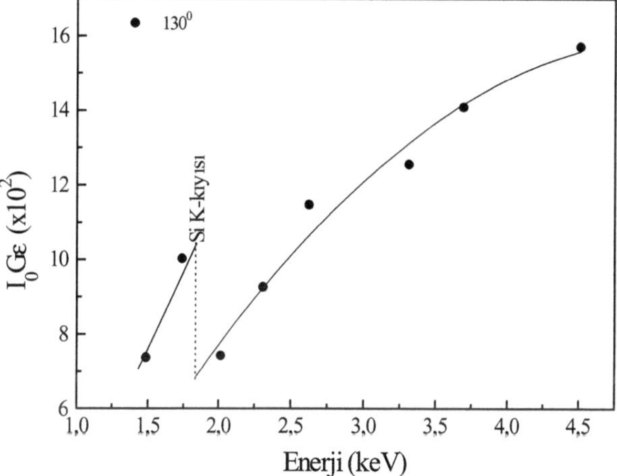

b)

Şekil 5.30. 14,980 keV'lik uyarma enerjisinde a) 125°'lik saçılma açısında, b) 130°'lik saçılma açısında $I_0G\varepsilon_{K\alpha}$'nın enerjinin fonksiyonu olarak değişimi

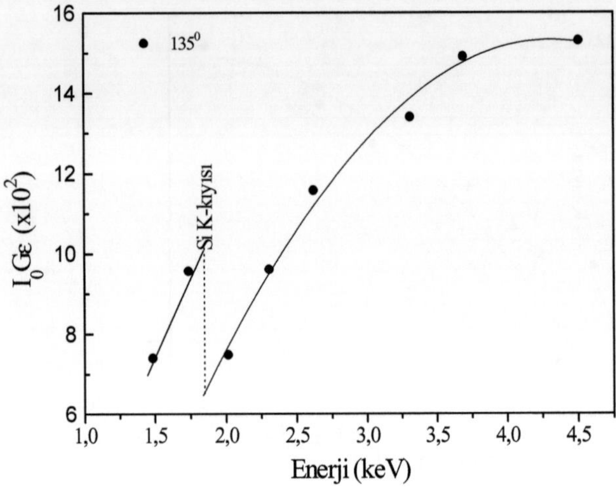

a)

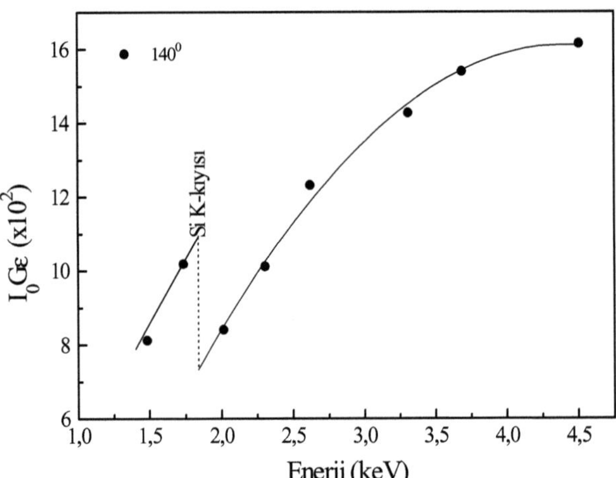

b)

Şekil 5.31. 14,980 keV'lik uyarma enerjisinde a) 135°'lik saçılma açısında, b) 140°'lik saçılma açısında $I_0 G\varepsilon_{K\alpha}$'nın enerjinin fonksiyonu olarak değişimi

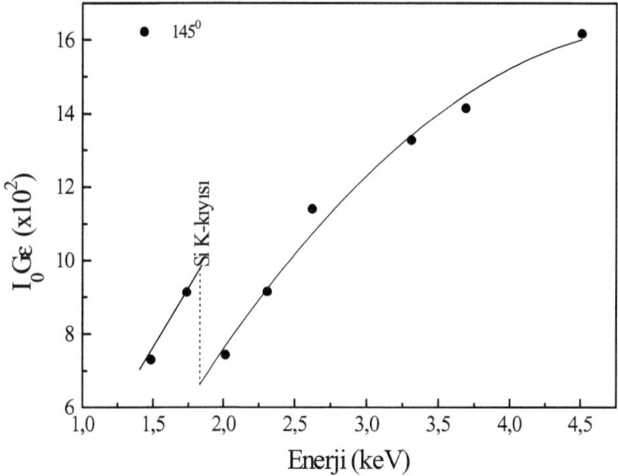

a)

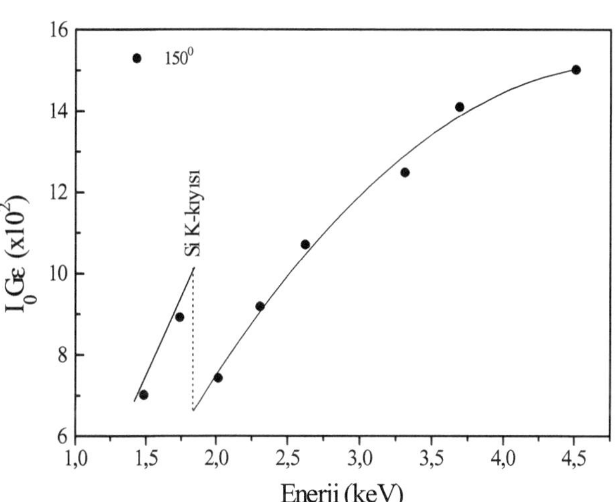

b)

Şekil 5.32. 14,980 keV'lik uyarma enerjisinde a) 145°'lik saçılma açısında, b) 150°'lik saçılma açısında $I_0 G\varepsilon_{K\alpha}$'nın enerjinin fonksiyonu olarak değişimi

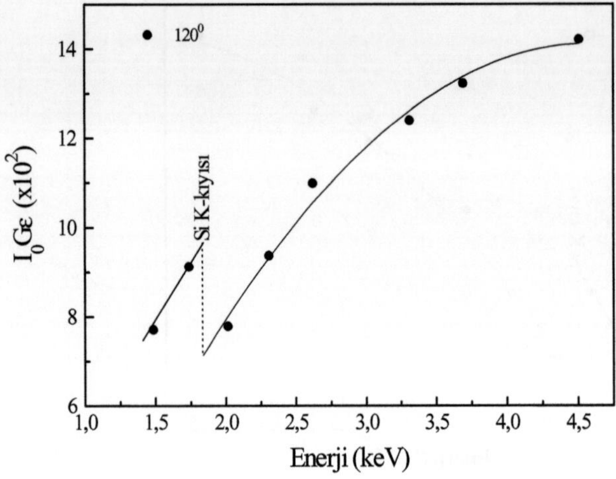

a)

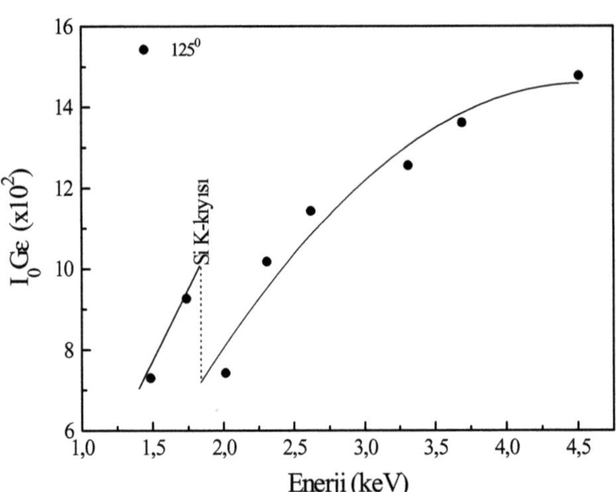

b)

Şekil 5.33. 16,896 keV'lik uyarma enerjisinde a) 120°'lik saçılma açısında, b) 125°'lik saçılma açısında $I_0 G\varepsilon_{K\alpha}$'nın enerjinin fonksiyonu olarak değişimi

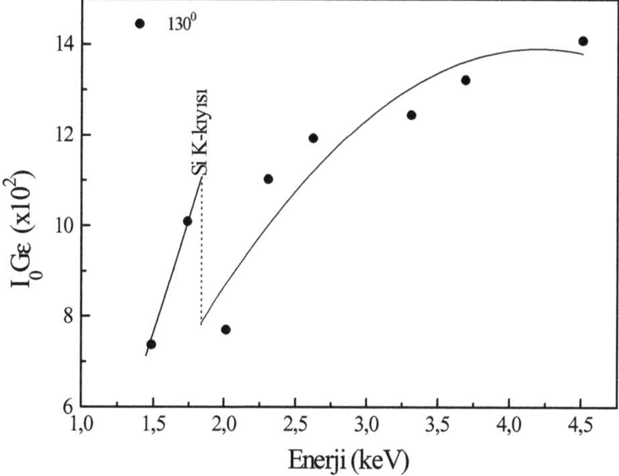

a)

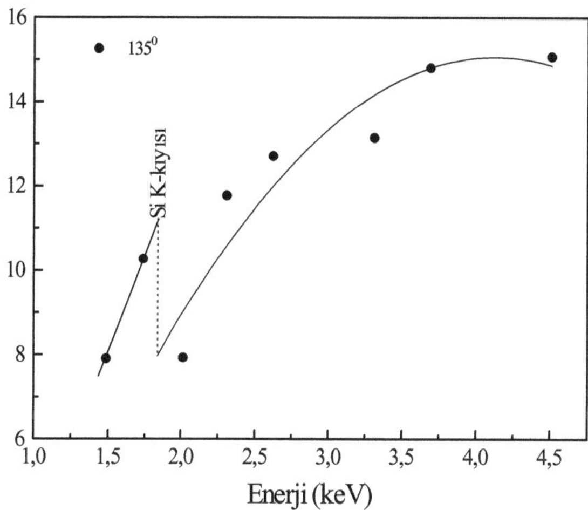

b)

Şekil 5.34. 16,896 keV'lik uyarma enerjisinde a) 130°'lik saçılma açısında, b) 135°'lik saçılma açısında $I_0 G\varepsilon_{K\alpha}$'nın enerjinin fonksiyonu olarak değişimi

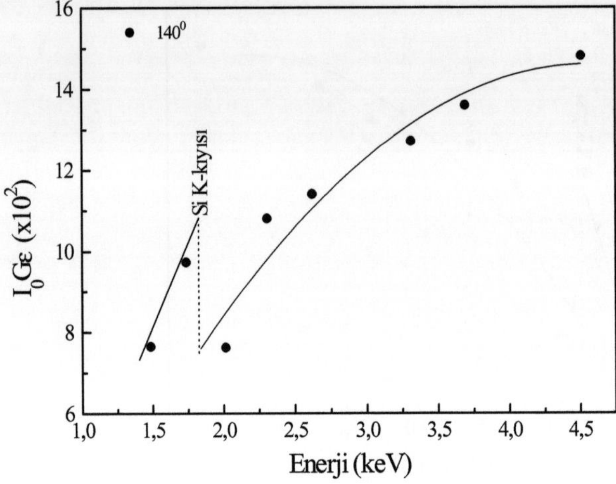

a)

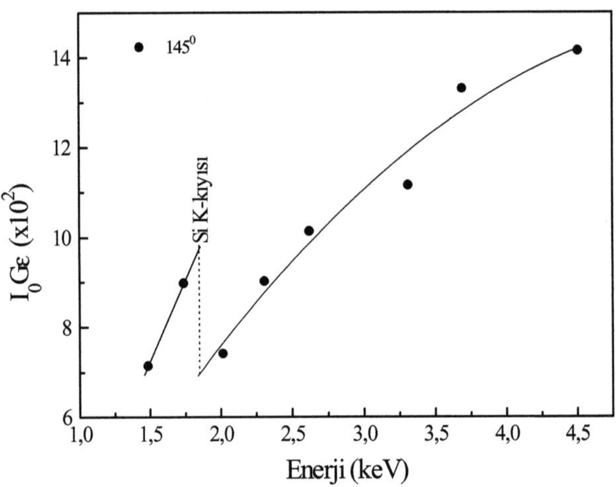

b)

Şekil 5.35. 16,896 keV'lik uyarma enerjisinde a) 140°'lik saçılma açısında, b) 145°'lik saçılma açısında $I_0 G\varepsilon_{K\alpha}$'nın enerjinin fonksiyonu olarak değişimi

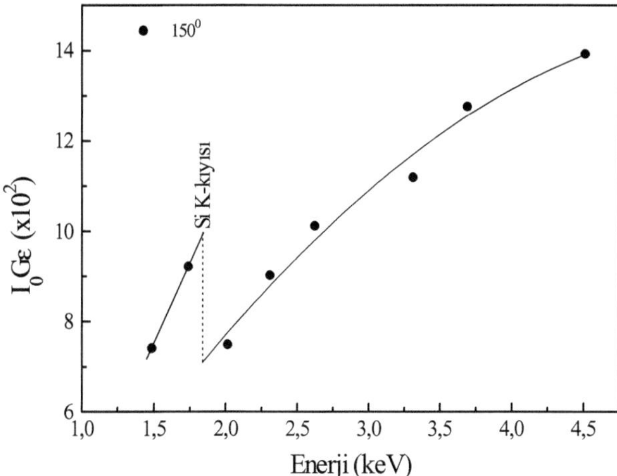

Şekil 5.36. 16,896 keV'lik uyarma enerjisinde 150°'lik saçılma açısında $I_0G\varepsilon_{K\alpha}$'nın enerjinin fonksiyonu olarak değişimi

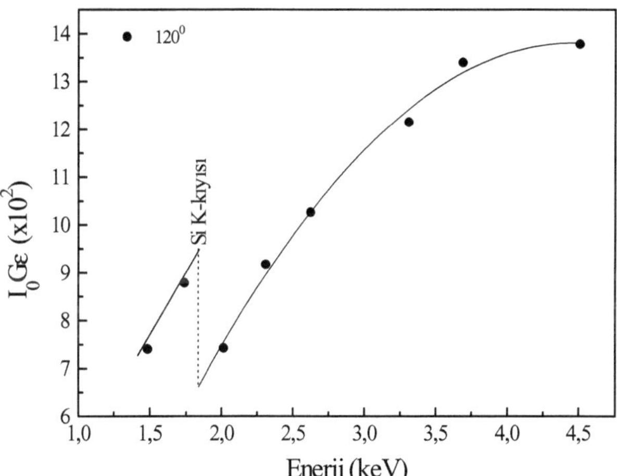

Şekil 5.37. 17,781 keV'lik uyarma enerjisinde 120°'lik saçılma açısında $I_0G\varepsilon_{K\alpha}$'nın enerjinin fonksiyonu olarak değişimi

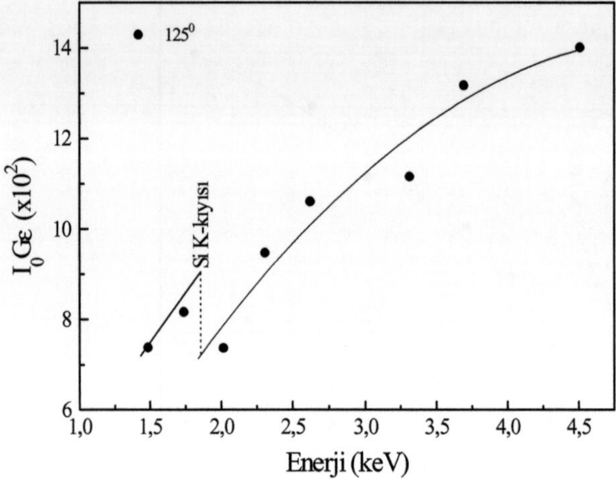

a)

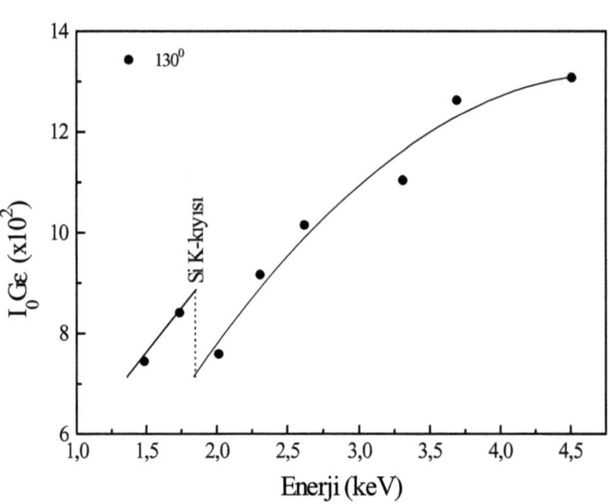

b)

Şekil 5.38. 17,781 keV'lik uyarma enerjisinde, a) 125°'lik saçılma açısında, b)130° lik saçılma açısında $I_0 G\varepsilon_{K\alpha}$'nın enerjinin fonksiyonu olarak değişimi

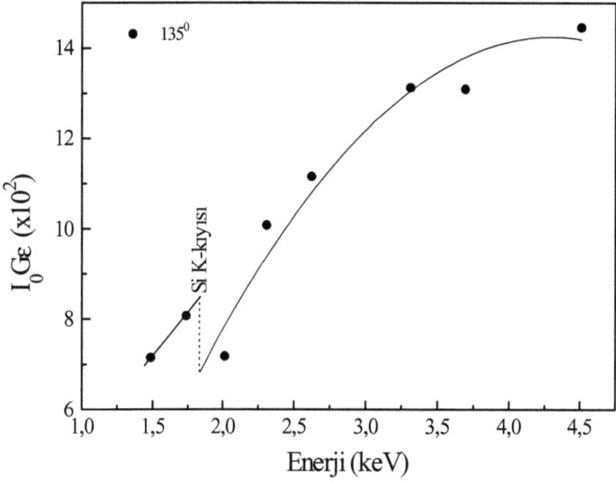

a)

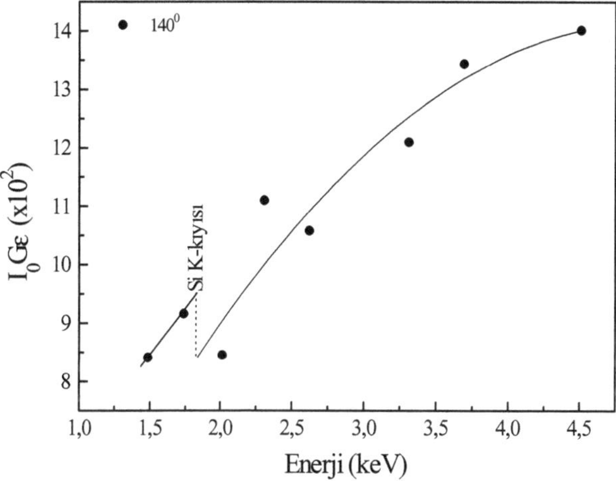

b)

Şekil 5.39. 17,781 keV'lik uyarma enerjisinde, a) 135°'lik saçılma açısında, b)140°'lik saçılma açısında $I_0 G\varepsilon_{K\alpha}$'nın enerjinin fonksiyonu olarak değişimi

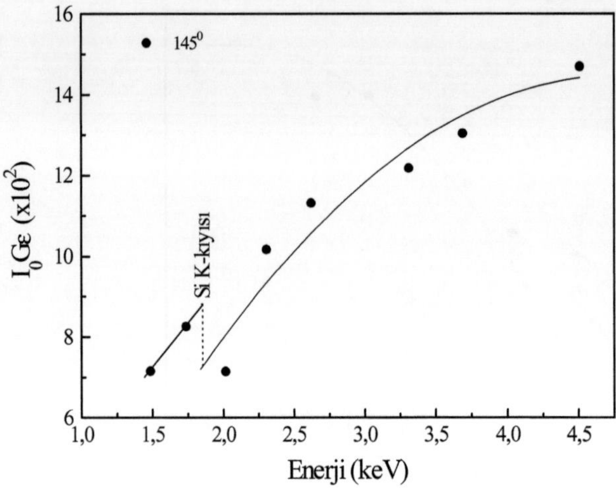

a)

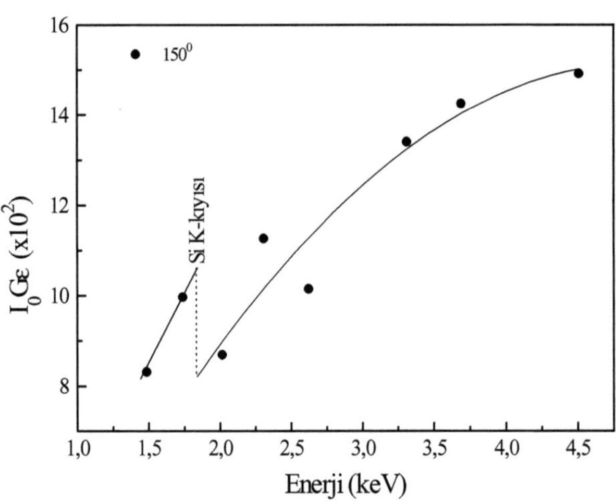

b)

Şekil 5.40. 17,781 keV'lik uyarma enerjisinde, a) 145°'lik saçılma açısında, b)150°'lik saçılma açısında $I_0 G\varepsilon_{K\alpha}$'nın enerjinin fonksiyonu olarak değişimi

5.2. Sadece M-tabakası uyarıldığında M X-ışını diferansiyel tesir kesitlerinin açısal dağılımı ölçüm sonuçları

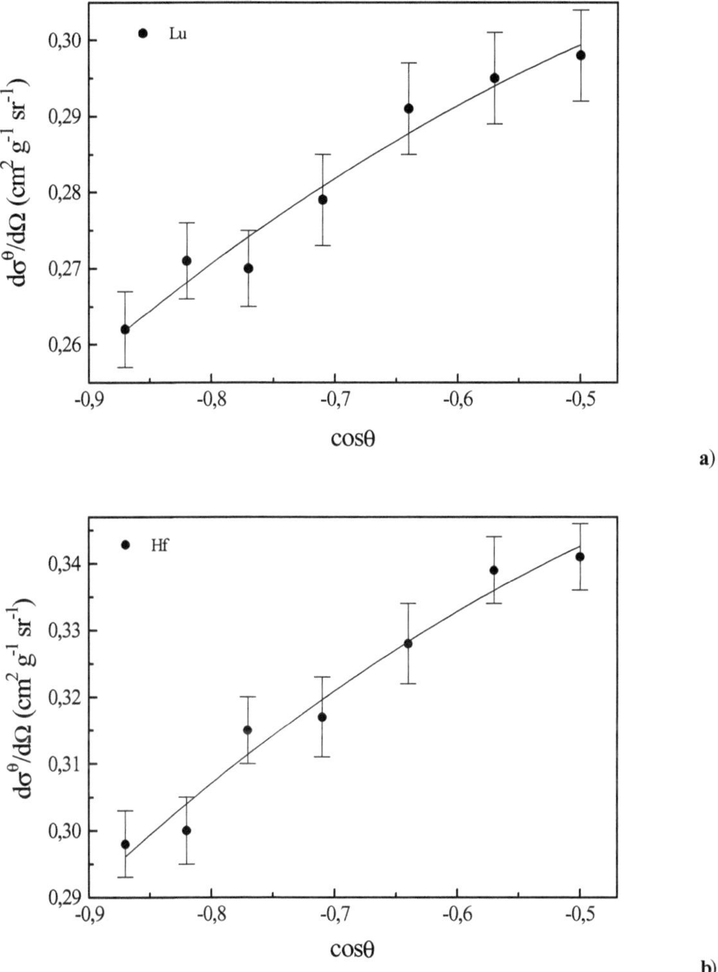

Şekil 5.41. Sadece M-tabakası uyarıldığında, a) Lu için, b) Hf için diferansiyel tesir kesitinin cosθ ile değişimi

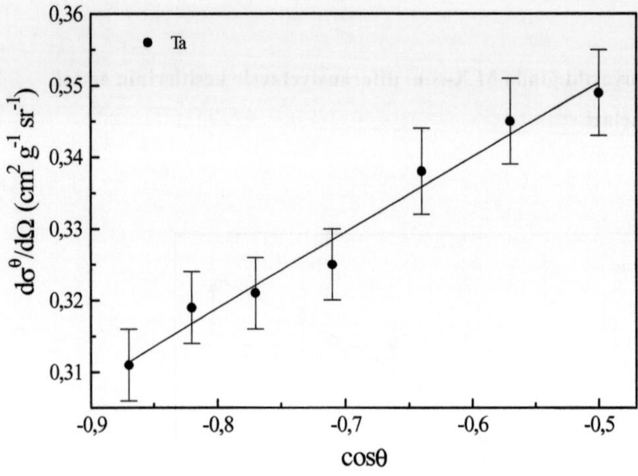

a)

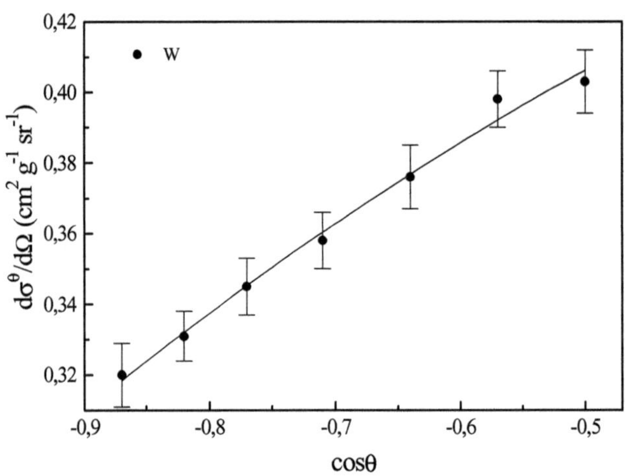

b)

Şekil 5.42. Sadece M-tabakası uyarıldığında, a) Ta için, b) W için diferansiyel tesir kesitinin cosθ ile değişimi

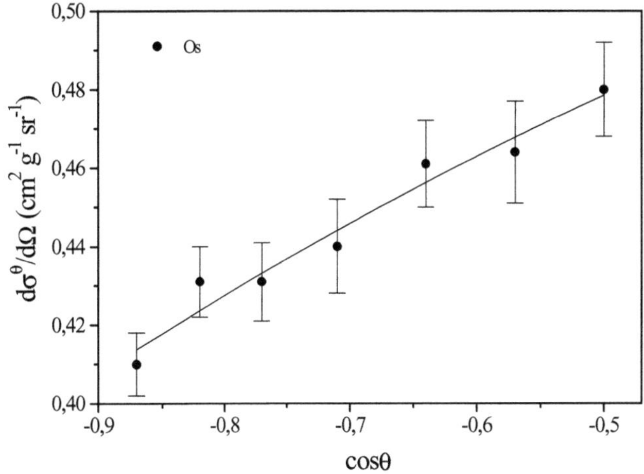

a)

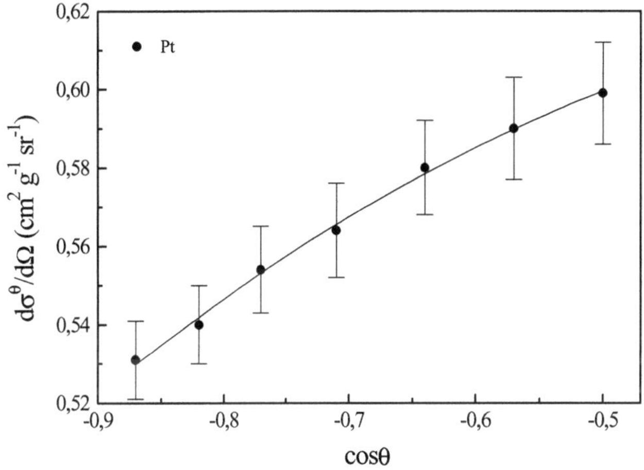

b)

Şekil 5.43. Sadece M-tabakası uyarıldığında, a) Os için, b) Pt için diferansiyel tesir kesitinin cosθ ile değişimi

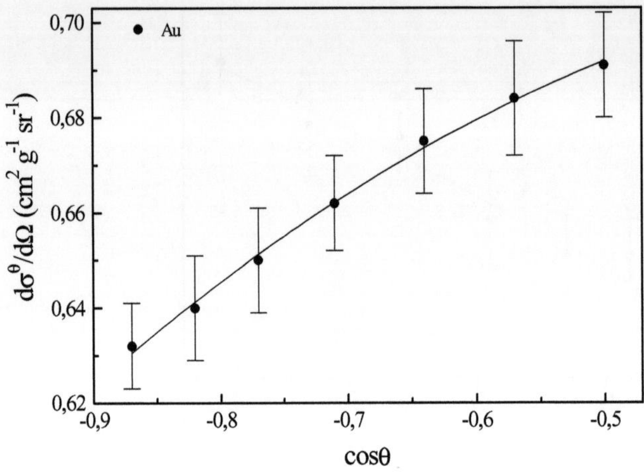

a)

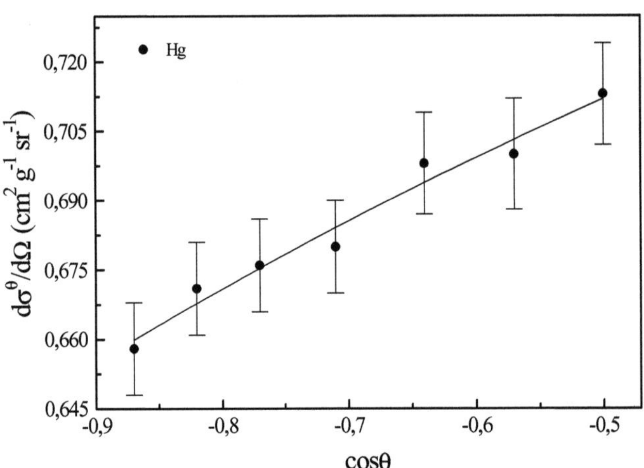

b)

Şekil 5.44. Sadece M-tabakası uyarıldığında, a) Au için, b) Hg için diferansiyel tesir kesitinin cosθ ile değişimi

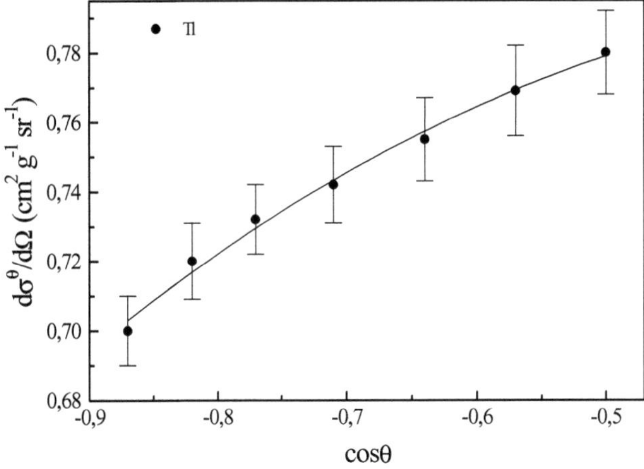

a)

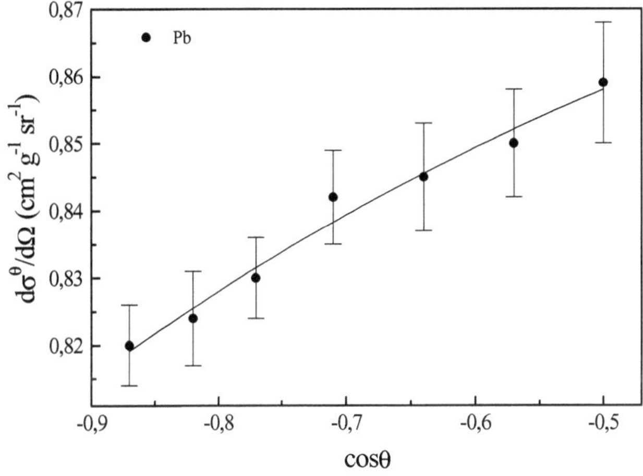

b)

Şekil 5.45. Sadece M-tabakası uyarıldığında, a) Tl için b) Pb için, diferansiyel tesir kesitinin cosθ ile değişimi

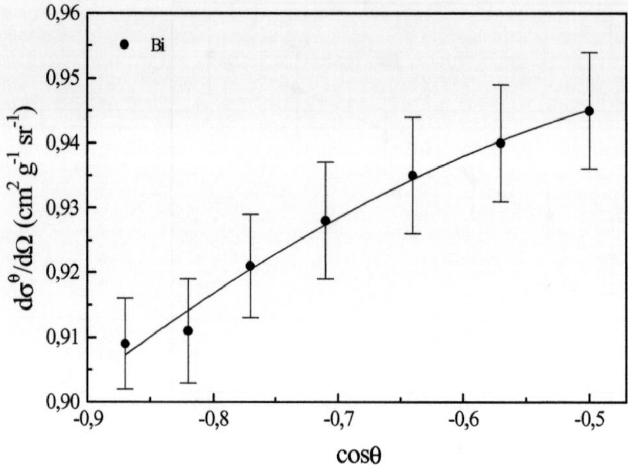

a)

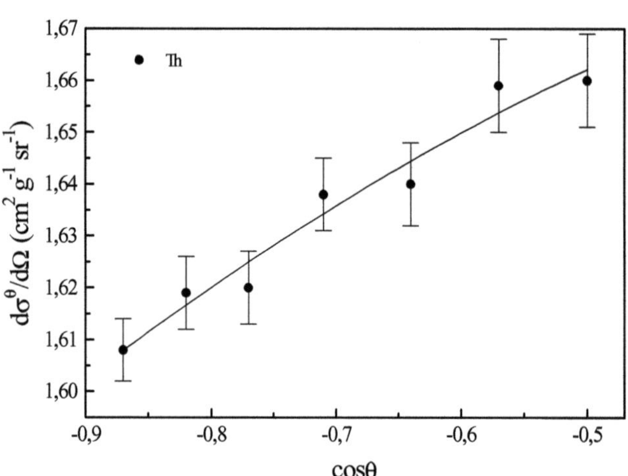

b)

Şekil 5.46. Sadece M-tabakası uyarıldığında, a) Bi için b) Th için, diferansiyel tesir kesitinin cosθ ile değişimi

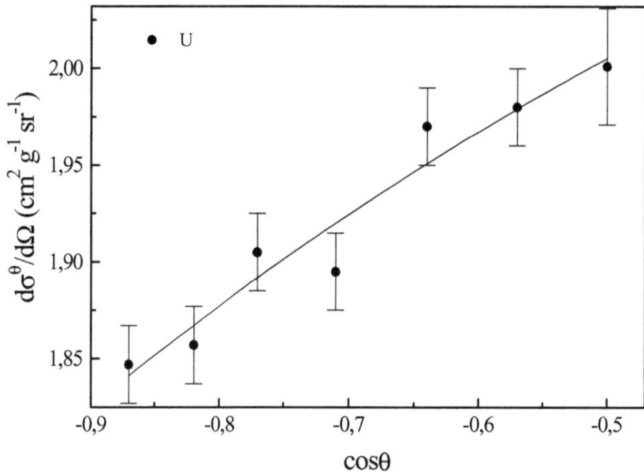

Şekil 5.47. Sadece M-tabakası uyarıldığında, U için diferansiyel tesir kesitinin cosθ ile değişimi

Atom numarası 71 ≤ Z ≤ 92 aralığındaki bazı elementlerin sadece M-tabakası uyarıldığında M X-ışını diferansiyel tesir kesitlerinin açısal dağılımı yansıma geometrisinde ve 5,96 keV'lik uyarma enerjisinde kalibre edilmiş bir Si(Li) dedektörle ölçülmüştür. 120° ile 150° arasında 5°'lik adımlarla yedi açıda diferansiyel tesir kesitleri çizelge 4.1'de verilmiştir. Bu deneysel değerler cosθ'nın fonksiyonu olarak 2. derece bir polinoma fit edilerek bu fitten bulunan sonuçlar aynı çizelgede verilmiş ve $d\sigma^{\theta}(M)/d\Omega$ nın cosθ ile değişimi şekil 5.41 (a,b), şekil 5.42 (a,b), şekil 5.43 (a,b), şekil 5.44 (a,b), şekil 5.45 (a,b), şekil 5.46 (a,b) ve şekil 5.47 da gösterilmiştir. Diferansiyel tesir kesiti açıya göre değiştiği ve artan açıyla değişim hızının azaldığı görüldü. (4.4) eşitliğindeki parametreler kullanılarak sadece M-tabakası uyarıldığında ölçülmüş M X- diferansiyel tesir kesitleri açısal dağılımındaki hata % 0,37 ile % 2,39 arasında hesaplanmıştır. Bunlar, M X-ışını pik alanlarının değerlendirmesinden (%4,9), $I_0 G\varepsilon$ faktörü (%4), β öz-soğurma düzeltmesi faktörü (%<1) ve numune kalınlığı ölçümlerinden kaynaklanmaktadır. Çalışmamızda kullandığımız numune ve saçılma açılarda literatürde deneysel ve teorik diferansiyel tesir kesitlerinin açısal dağılımı mevcut olmadığından dolayı, deneysel değerler literatür değerleriyle kıyaslanamamıştır. Bu yüzden Lu, Hf, Ta, , Os, Pt, Au, Hg, Tl, Pb, Bi, Th ve U için diferansiyel tesir kesitleri kullandığımız açılarda ilk kez bu çalışmada rapor edilmektedir.

5.3.Hem L_3-alttabakası hem de M-tabakası uyarıldığında M X-ışını diferansiyel tesir kesiti ölçüm sonuçları

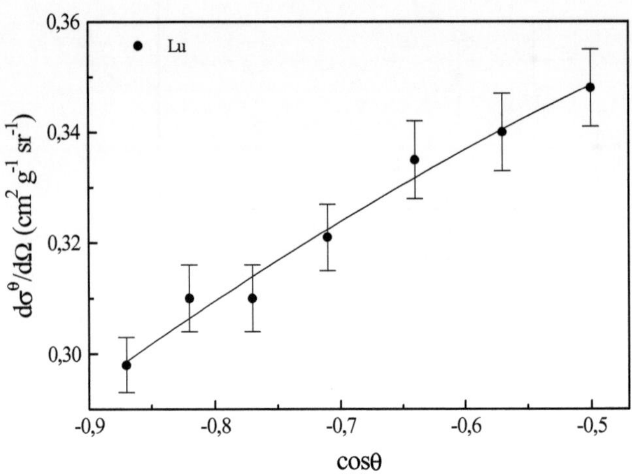

Şekil 5.48. Hem M-tabakası hem de L_3-alttabakası uyarıldığında, Lu için diferansiyel tesir kesitinin cosθ ile değişimi

Atom numarası 71 ≤ Z ≤ 92 aralığındaki bazı elementlerin hem M hem de L_3-alttabakası uyarıldığında M X-ışını diferansiyel tesir kesitlerinin açısal dağılımı yansıma geometrisinde ve 5,96 keV'lik uyarma enerjisinde kalibre edilmiş bir Si(Li) dedektörle ölçülmüştür. 120° ile 150° arasında 5°'lik adımlarla 7 açıda ölçülmüş diferansiyel tesir kesitleri çizelge 3. 2'de verilmiştir.

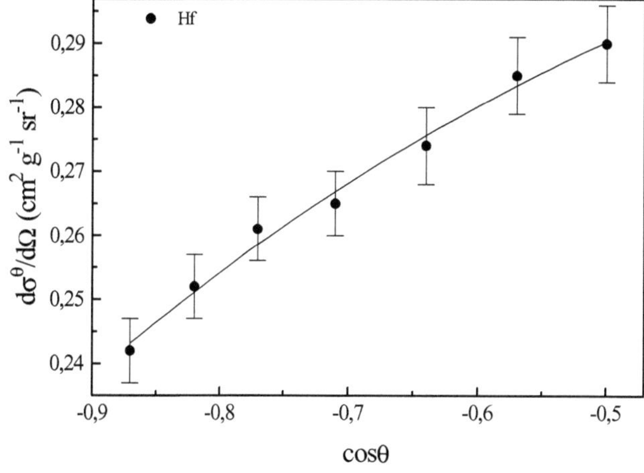

a)

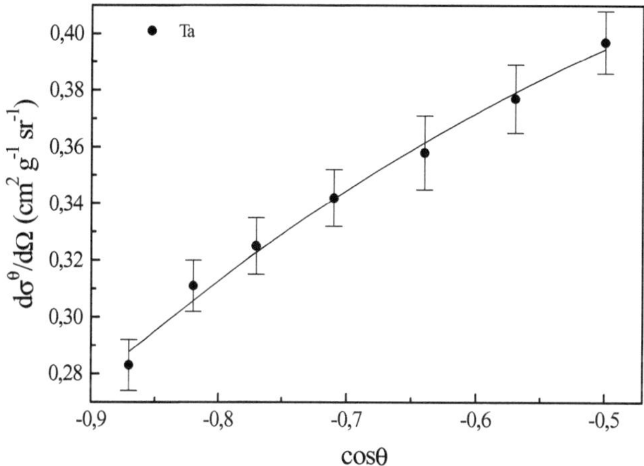

b)

Şekil 5.49. Hem M-tabakası hem de L_3-alttabakası uyarıldığında, a) Hf için, b) Ta için diferansiyel tesir kesitinin cosθ ile değişimi

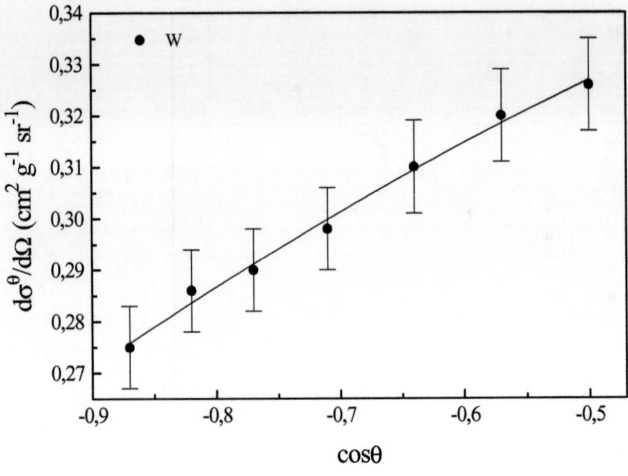

a)

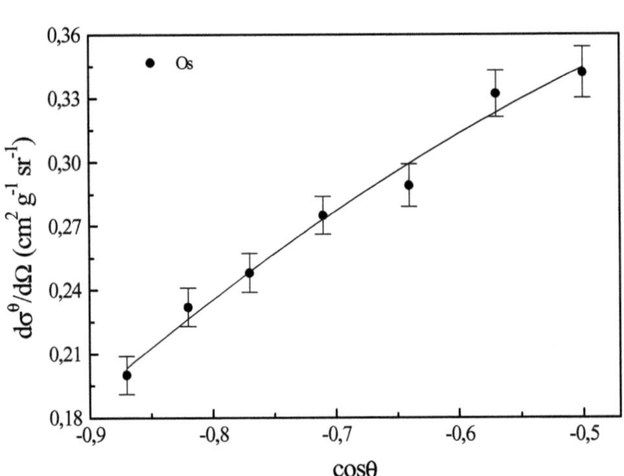

b)

Şekil 5.50. Hem M-tabakası hem de L_3-alttabakası uyarıldığında, a) W için, b) Os için diferansiyel tesir kesitinin cosθ ile değişimi

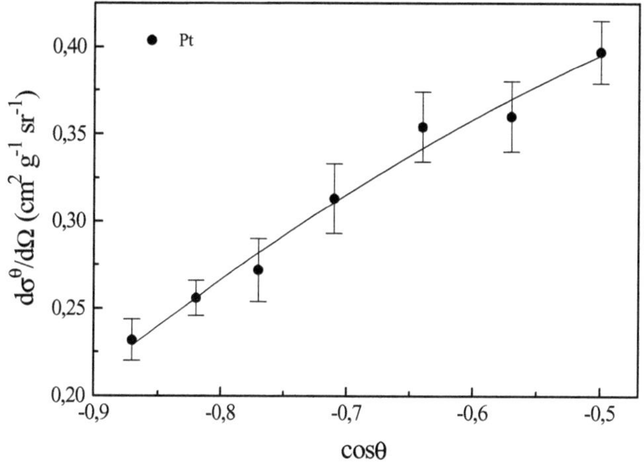

a)

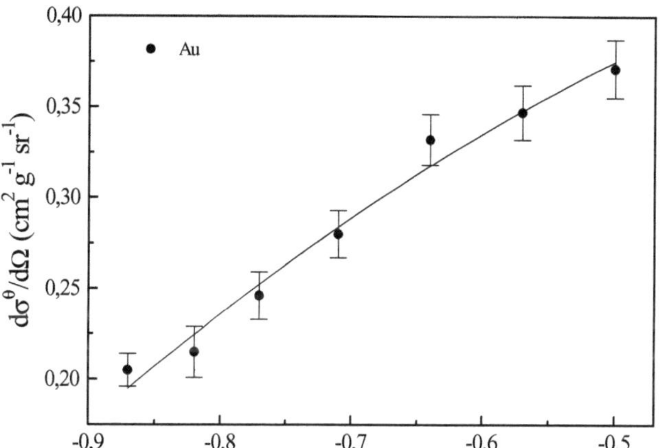

b)

Şekil 5.51. Hem M-tabakası hem de L_3-alttabakası uyarıldığında, a) Pt için b) Au için, diferansiyel tesir kesitinin cosθ ile değişimi

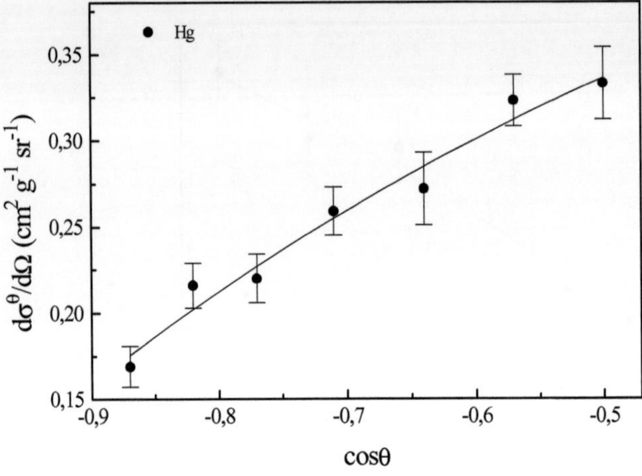

a)

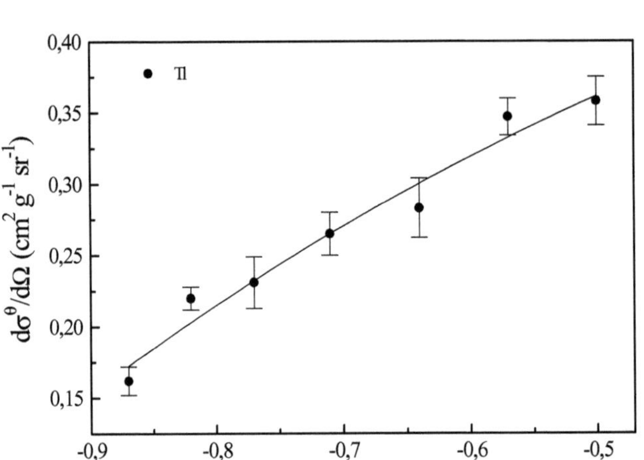

b)

Şekil 5.52. Hem M-tabakası hem de L_3-alttabakası uyarıldığında a) Hg için, b) Tl için diferansiyel tesir kesitinin cosθ ile değişimi

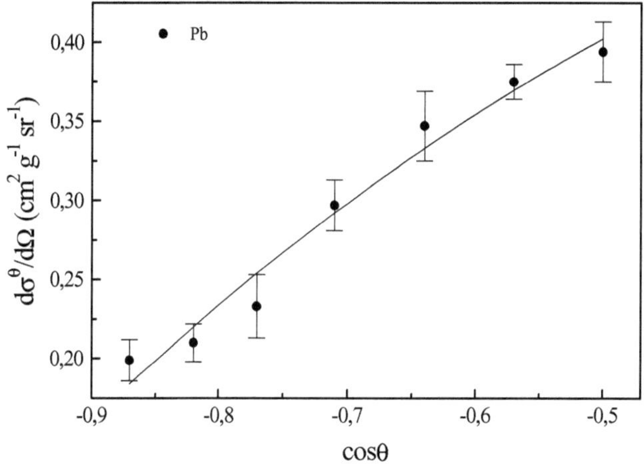

a)

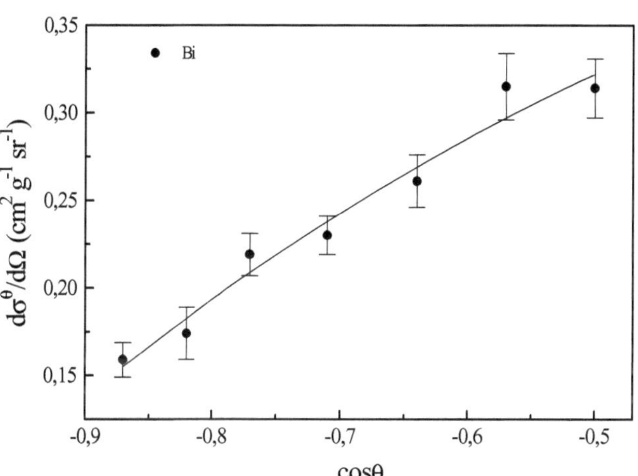

b)

Şekil 5.53. Hem M-tabakası hem de L_3-alttabakası uyarıldığında a) Pbiçin, b) Bi için diferansiyel tesir kesitinin cosθ ile değişimi

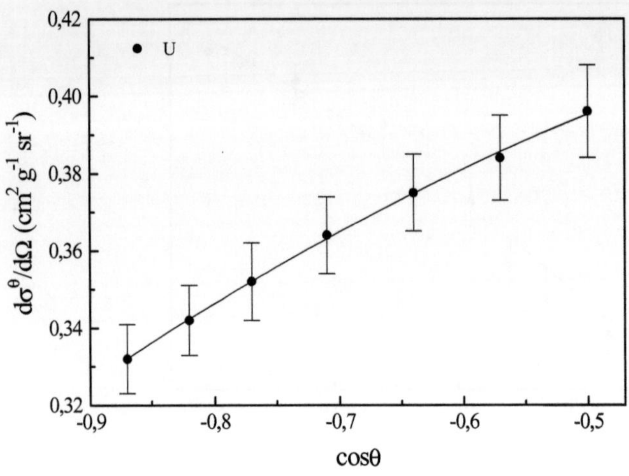

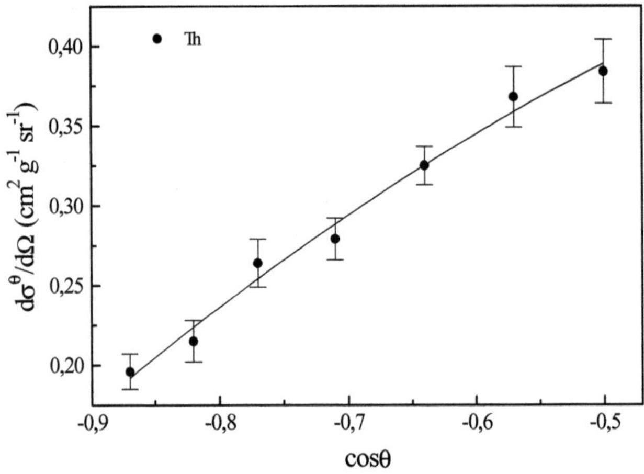

Şekil 5.54. Hem M-tabakası hem de L_3-alttabakası uyarıldığında a) U için, b) Th için diferansiyel tesir kesitinin cosθ ile değişimi

Ayrıca bizim deneysel değerlerimiz, cosθ'nın fonksiyonu olarak 2. derece bir polinoma fit edilerek sonuçları aynı çizelge de verilmiş ve $d\sigma^{\theta}(M)/d\Omega$ nun cosθ ile değişimi şekil 5.48, şekil 5.49 (a,b), şekil 5.40 (a,b), şekil 5.51 (a,b), şekil 5.52 (a,b), şekil 5.53 (a,b) ve şekil 5.54 (a,b)'da gösterilmiştir. (4.7) eşitliğindeki parametreler kullanılarak hem M-tabakası hem de L_3-alttabakası uyarıldığında ölçülmüş M X- ışını diferansiyel tesir kesitinin açısal dağılımındaki hata % 1,67 ile % 8,58 arasında hesaplanmıştır. Bunlar, M X-ışını pik alanlarının değerlendirmesinden (%5), $I_0 G\varepsilon$ faktörü (%4,3), β öz-soğurma düzeltmesi faktörü (%<1) ve numune kalınlığı ölçümlerinden kaynaklanmaktadır. Çalışmamızda kullandığımız numune ve saçılma açılarda literatürde deneysel ve teorik diferansiyel tesir kesitlerinin açısal dağılımı mevcut olmadığından deneysel değerlerle literatür teorik ve deneysel değerlerle kıyaslanamamıştır. Bu nedenle hem L_3-alttabakası hem de M-tabakası uyarıldığında Lu, Hf, Ta, Os, Pt, Au, Hg, Tl, Pb, Bi, Th ve U elementleri için diferansiyel tesir kesitini kullandığımız açılarda ilk kez bu çalışmada rapor edilmektedir.

5.4. Sadece M-tabakası uyarıldığında toplam M X-ışını tesir kesiti ölçüm sonuçları

$71 \leq Z \leq 92$ aralığındaki bazı elementler için toplam M X-ışını tesir kesitleri, sözkonusu elementlerin sadece M-tabakası uyarılarak ölçülmüş diferansiyel tesir kesitlerinin cosθ ile değişimlerini 2. derece bir polinoma fit edilmesinden elde edilen çizelge 4.3'de listelenmiş açısal dağılım katsayıları $(a_0, a_1 \text{ ve } a_2)$ $d^\theta\sigma(M)/d\Omega = a_0 + a_1\cos\theta + a_2\cos^2\theta$ ifadesi kullanılarak tayin edilmiş olup çizelge 4.4'de verilmiş ve bulduğumuz değerlerde, atom numarasının fonksiyonu olarak 2. dereceden bir polinoma fit edilerek bu fitten bulunan sonuçlar aynı çizelgede verilmiştir. Çizelge 4.4'de ölçülmüş toplam M X-ışını tesir kesitleri, teorik tahminler ve fit değerleriyle karşılaştırılmış ve atom numarasının fonksiyonu olarak şekil 5.55'de verilmiştir. Ölçülmüş toplam M X-ışını tesir kesitindeki hata % 3,44 ile % 5,55 arasında değişdiği hesaplanmış ve ölçülmüş toplam M X-ışını tesir kesitlerinin teorik değerlerinden sapması U ve Th hariç < % 12 bulunmuştur.

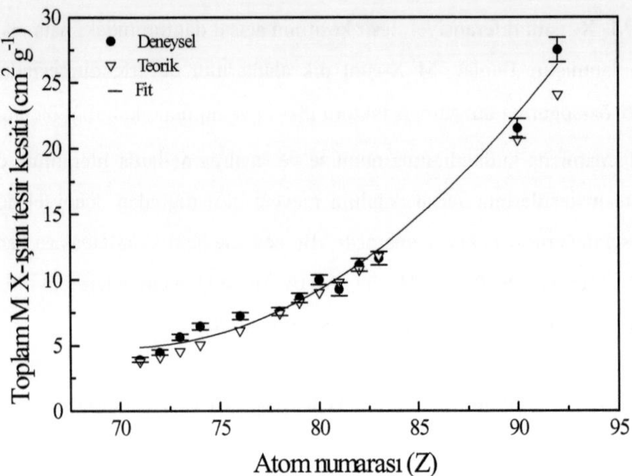

Şekil 5.55. Sadece M-tabakası uyarıldığında, toplam M X-ışını tesir kesitinin atom numarası göre değişimi

5.5. Hem L3-alttabakası hem de M-tabakası uyarıldığında toplam M X-ışını tesir kesiti ölçüm sonuçları

$71 \leq Z \leq 92$ aralığındaki bazı elementler için toplam tesir kesitleri, bu elementlerin hem L3-alttabakası hem de M-tabakası aynı anda uyarılarak ölçülmüş M X-ışını diferansiyel tesir kesitlerinin cosθ ile değişimlerinin 2. derece bir polinoma fit edilmesinden elde edilen (çizelge 4.3) açısal dağılım katsayıları $(a_0, a_1$ ve $a_2)$ $d^{\theta}\sigma(M)/d\Omega = a_0 + a_1\cos\theta + a_2\cos^2\theta$ ifadesi kullanılarak belirlenmiş çizelge 4.4'de verilmiştir. Çizelge 4.4'de ölçülmüş toplam M X-ışını tesir kesitleri, teorik tahminler ve fit değerleriyle karşılaştırılmış ve atom numarasının fonksiyonu olarak şekil 5.56'da verilmiştir.

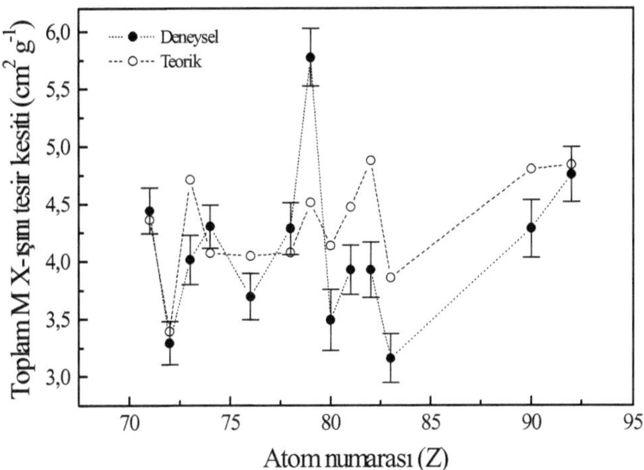

Şekil 5.56. Hem L_3-alttabakası hem de M-tabakası uyarıldığında, toplam M X-ışını tesir kesitinin atom numarası göre değişimi

Ölçülmüş toplam M X-ışını tesir kesitindeki hata % 4,51 ile % 7,57 arasında değiştiği hesaplanmıştır. Hem L_3-altabakasını hem de M-tabakasını uyarmak için kullandığımız uyarıcı enerjileri birbirinden farklı oldukları ve soğurma kıyısına enerji uzaklıkları yine farklı olduğu için, atom numarasına karşı çizilen grafikten atom numarası ile toplam M X-ışını tesir kesitinin değişimi hakkında doğru bir yorum yapılamaz.

5.6. L_3-alttabakasından M-tabakasına boşluk geçiş ihtimaliyetinin açısal dağılımı ölçüm sonuçları

$71 \leq Z \leq 92$ aralığındaki bazı elementlerin L_3- alttabakasından M-tabakasına boşluk geçiş ihtimaliyetinin açısal dağılımı, sadece M-tabakası uyarıldığında elde edilen diferansiyel tesir kesitinin açısal dağılımı ve hem L_3-alttabakası hem de M-tabakası aynı anda uyarıldığında elde edilen diferansiyel tesir kesitlerinin açısal dağılımından faydalanarak incelenmiştir.

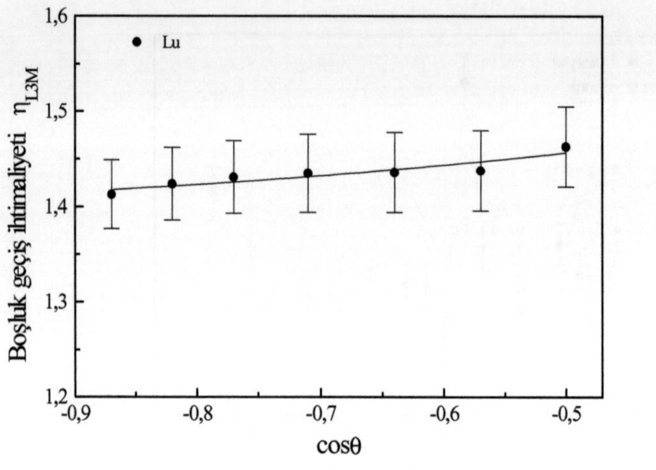

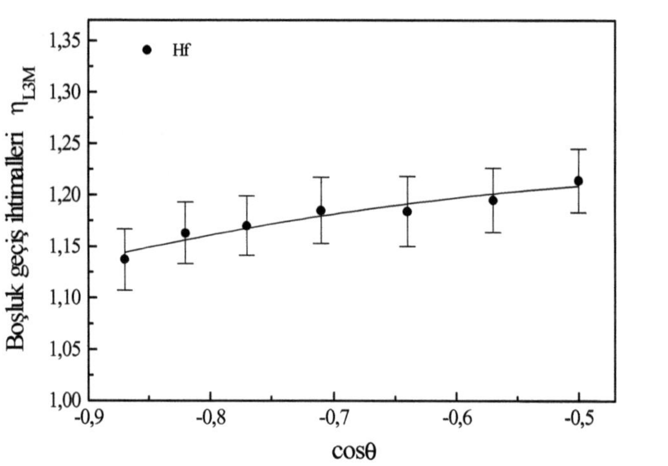

Şekil 5.57. a) Lu için, b) Hf için η_{L_3M}'nın cosθ ile değişimi

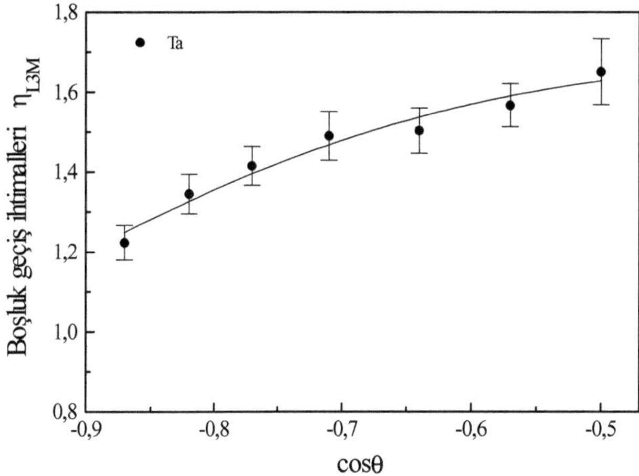

a)

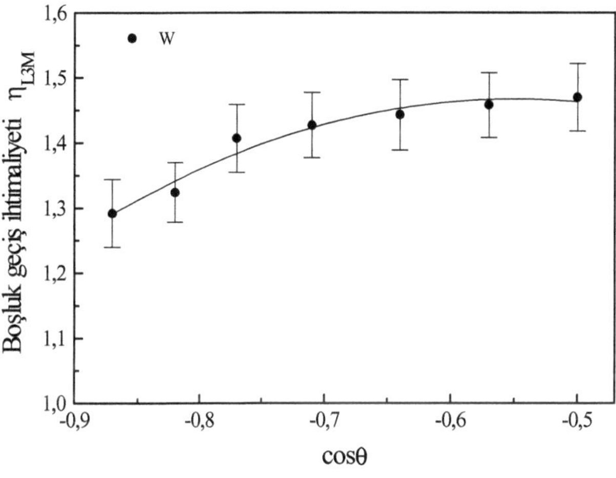

b)

Şekil 5.58. a) Ta için, b) W için η_{L_3M} 'nın cosθ göre değişimi

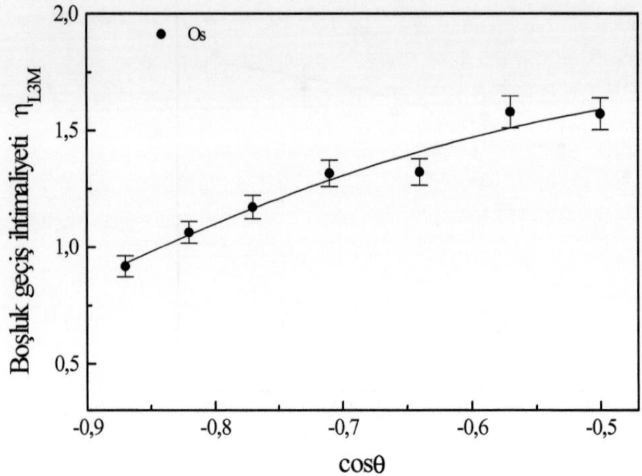

a)

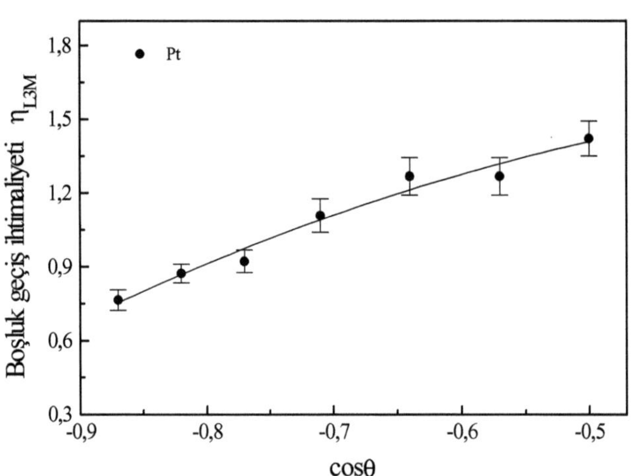

b)

Şekil 5.59. a) Os için, b) Pt için η_{L_3M} 'nın cosθ göre değişimi

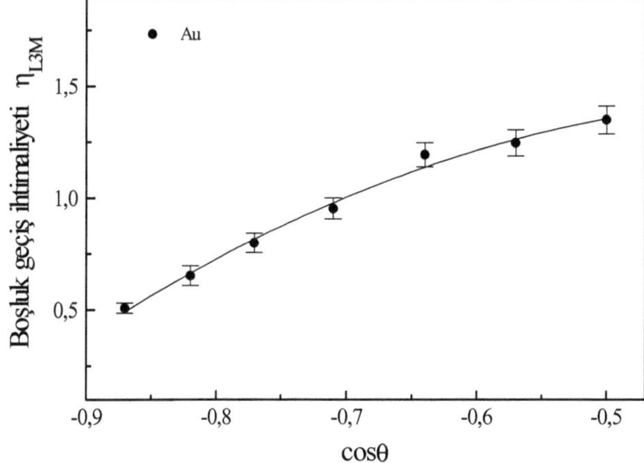

a)

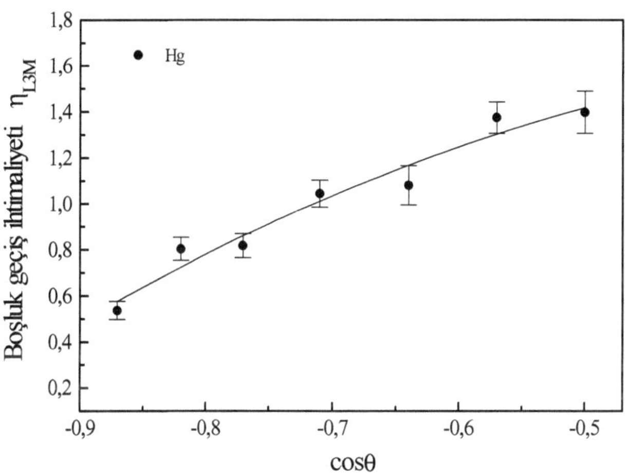

b)

Şekil 5.60. a) Au için, b) Hg için η_{L_3M}'nın cosθ göre değişimi

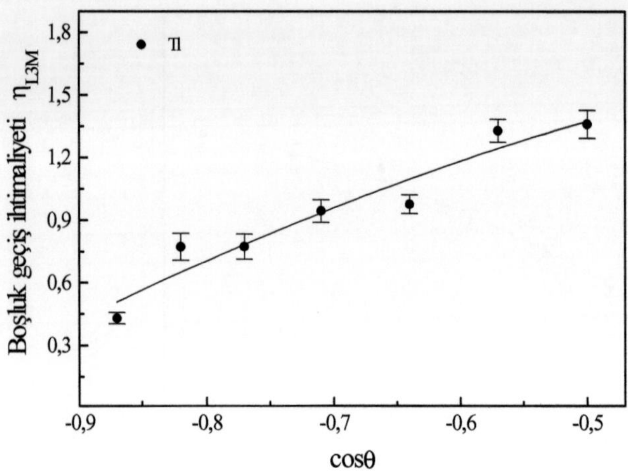

a)

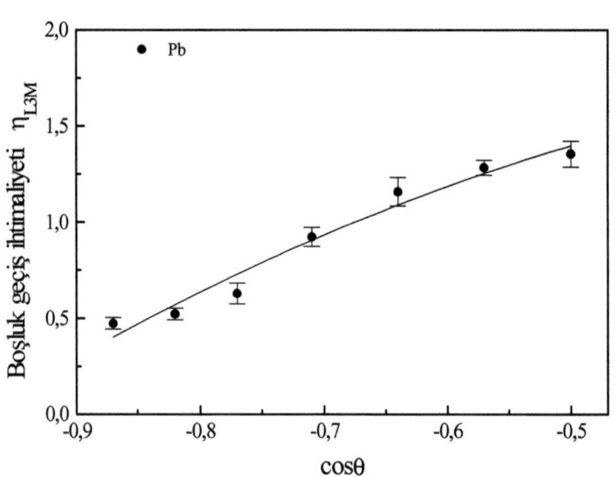

b)

Şekil 5.61. a) Tl için, b) Pb için η_{L_3M} 'nın cosθ göre değişimi

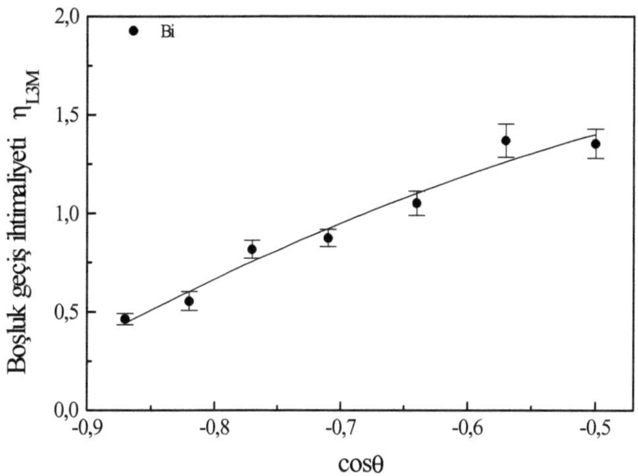

a)

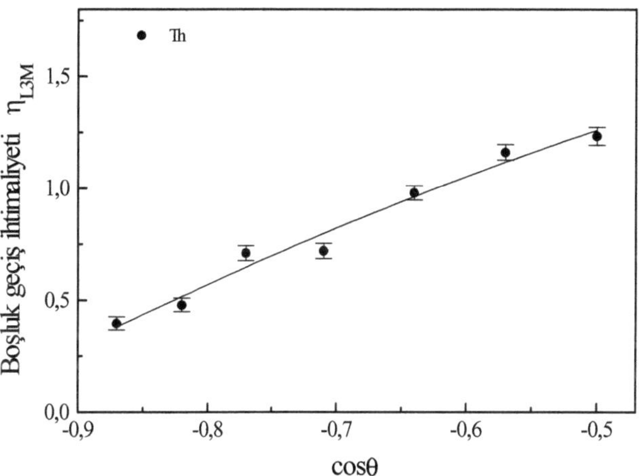

b)

Şekil 5.62. a) Bi için, b) Th için η_{L_3M} 'nın cosθ göre değişimi

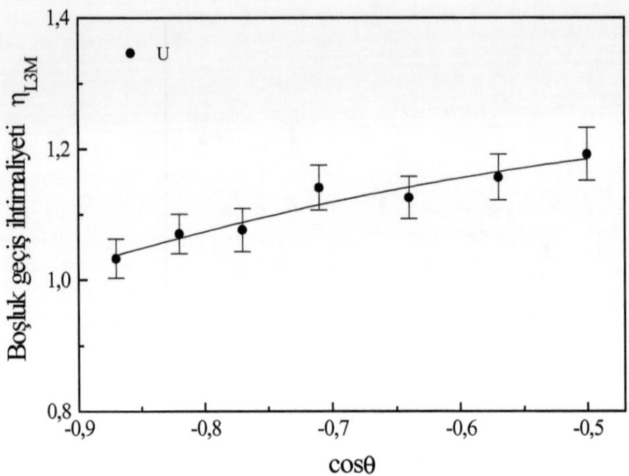

Şekil 5.63. U için η_{L_3M} 'nın cosθ göre değişimi

Ölçülmüş η_{L_3M} değerleri çizelge 4.5'de verilmiştir. Ayrıca ölçülmüş değerler, cosθ'nın fonksiyonu olarak şekil 5.57 (a,b), şekil 5.58 (a,b), şekil 5.59 (a,b), şekil 5.60 (a,b), şekil 5.61 (a,b), şekil 5.62 (a,b), ve şekil 5.63'de çizilmiştir. (4.11) eşitliğindeki parametreler kullanılarak L_3-alttabakasından M-tabakasına boşluk geçiş ihtimaliyetinin açısal dağılımındaki hata % 1,15 ile % 6,06 arasında hesaplanmıştır. Çalışmamızda kullandığımız numune ve saçılma açılarda literatürde deneysel ve teorik L_3-alttabakasından M-tabakasına boşluk geçiş ihtimaliyetinin açısal dağılımı mevcut olmadığından dolayı, deneysel değerlerle literatür teorik ve literatür deneysel değerlerle kıyaslanamamıştır. Bu nedenle hem L_3-alttabakası hem de M-tabakası uyarıldığında Lu, Hf, Ta, , Os, Pt, Au, Hg, Tl, Pb, Bi, Th, U L_3-alttabakasından M-tabakasına boşluk geçiş ihtimaliyetleri kullandığımız açılarda ilk kez bu çalışmada rapor edilmektedir.

5.7. L X-ışınlarının polarizasyon ölçüm sonuçları

$62 \leq Z \leq 92$ aralığındaki bazı elementler için $L\ell$, $L\alpha$, $L\beta$ ve $L\gamma$ X-ışınlarının polarizasyonu için bulunan mevcut deneysel değerler ve $N_{II} / N_{\perp}$ şiddet oranları çizelge 4.6 (a) ve çizelge 4.6 (b) birlikte verilmiştir. Ölçülmüş $L\ell$, $L\alpha$, $L\beta$ ve $L\gamma$ X-ışınlarının polarizasyonundaki hatalar sırasıyla % 1,95 - 4,02, % 5,99-10, % 4,95- 10,02 ve % 5,96- 10,05 arasında değiştiği hesaplanmıştır. Ölçülmüş $L\ell$ X-ışınlarının polarizasyon değerleri anizotropik uzaysal dağılım gösterdiği, $L\alpha$ X-ışınlarının polarizasyon değerleri kısmen anizotropik uzaysal dağılım gösterdiği, $L\beta$ X-ışınlarının polarizasyon değerleri çok az anizotropik uzaysal dağılım gösterdiği ve $L\gamma$ X-ışınlarının polarizasyon değerleri yok denecek kadar az anizotropik uzaysal dağılım gösterdiği görülmüştür.

$L\ell$ ve $L\alpha$ X-ışınları aynı L_3-alttabakasına elektron geçişlerinden kaynaklandığı halde $L\ell$ X-ışınları $L\alpha$ X-ışınlardan daha fazla polarize olmaktadır. Çünkü, $L\alpha$ X-ışınları $L\alpha_1$ ve $L\alpha_2$ olmak üzere iki kısımdan oluşmaktadır. $L\alpha_1$ ve $L\alpha_2$ birbirlerine ters anizotropi gösterdiği için toplam anizotropi uzaysal dağılımı azalır.

$L\beta$ X-ışınının çok az polarize olmasının sebebini ise şöyle açıklayabiliriz, $L\beta$ X-ışınları L_1, L_2, L_3-alttabakalardan oluşan boşluklara elektron geçişinden meydana gelir ve L_3-alttabakasına geçişlerden meydana gelen $L\beta$ X-ışınları polarizasyon özelliği gösterirken, L_1 ve L_2-alttabakasında meydana gelen boşluklara elektron geçişiden dolayı meydana gelen $L\beta$ X-ışınları ise polarizasyon özelliği göstermemektedir. $L\gamma$ X-ışınları ise L_1 ve L_2-alttabakasında meydana gelen boşluklara elektron geçişiden meydana geldiği için polarizasyon özelliği göstermemektedir.

Literatürde $L\ell$, $L\alpha$, $L\beta$ ve $L\gamma$ X-ışınlarının polarizasyonu ile ilgili deneysel çalışmalar (Th ve U hariç) ve teorik tahminler olmadığından kıyaslama yapılamadı. Yani Tb, Dy, Ho, Er, Lu, Hf, Ta, W, Os, Pt, Au, Hg, Tl, Pb, ve Bi'un polarizasyonları ilk kez bu çalışmada rapor edilmiştir.

5.8. Lℓ X-ışınlarının anizotropi parametresi ölçüm sonuçları

$62 \leq Z \leq 92$ aralığındaki bazı elementler için $L\ell$ $(L_3 - M_1)$ X-ışınlarının anizotropi parametresi çizelge 4.7'de verilmiştir. Ölçülmüş $L\ell$ $(L_3 - M_1)$ X-ışınlarının anizotropi parametresindeki hata % 0,70- % 2,92 aralığında değişdiği hesaplanmıştır. Literatürde $L\ell$ $(L_3 - M_1)$ X-ışınlarının anizotropi parametresi ile ilgili deneysel ve teorik tahminler olmadığı için kıyaslama yapılamadı. Yani çalıştığımız elementlerin $L\ell$ $(L_3 - M_1)$ X-ışınlarının anizotropi parametreleri ilk kez bu çalışmada rapor edilmiştir.

Sonuç olarak, $71 \leq Z \leq 92$ aralığındaki bazı elementlerin sadece M-tabakası ve hem L_3-alttabakası hem de M-tabakası uyarıldığında, elde edilen diferansiyel tesir kesitlerinin açısal dağılımı kullandığımız saçılma açılarında, L_3-alttabakasından M-tabakasına boşluk geçiş ihtimallerinin açısal dağılımı, $L\ell$, $L\alpha$, $L\beta$ ve $L\gamma$ X-ışınlarının polarizasyonu (U ve Th hariç) ve atom numarası $62 \leq Z \leq 92$ aralığında olan bazı elementlerin $L\ell$ X-ışınlarının anizotropi parametresi ile ilgili çalışma literatürde bulunmadığından, daha fazla deneysel değerler ve teorik tahminlere ihtiyaç vardır.

KAYNAKLAR

Anholt, R., and Rasmussen, J. O., 1974, Theoretical X-ray transition probabilities for high-Z superheavy elements. Phys. Rev. A 9, 585-592.

Barros Leite, C. V., de Castro Foira, N. V., Horowicz, R. J., Montenegro, E. C., and de Pinho, A. G., 1982, Anisotropy of Pb L_3 –subshell x rays excited by low-velocity-proton impact., Phys. Rev. A, 25, 1880-1886.

Barros Leite, C. V., Foira, N. V. de C., Horowicz, R. J., Montenegro, E. C., and de Pinho, A. G., 1982, Anisotropy of Pb L_3-subshell X-rays excited by low-velocity-proton impact., Phys. Rev. A, 25, 1880-1886.

Berinde, A., Ciortea, C., Enulescu, A., Fluerasu, D., Piticu, I., Zoran, V., and Trautmann, D., 1984, Au L-shell ionization by Si and S ions : Integral and differential cross sections and alignment, Nucl. Instrum. Meth. B, 4, 283-291.

Berozhko E. G., and Kabachnik, N. M., 1977, Theoretical study of inner-shell alignment of atoms in electron impact ionization: angular distribution and polarization of X-rays and Auger electrons., J. Phys. B: Atom. Molec. Phys., 10, 2467-2477.

Berozhko, E. G., and Kabachnik, N. M., and Rostowsky, V. S., 1978, Potential-barrier effects in inner-shell photoionisation and their influence on the anisotropy at X-rays and Auger electrons., J. Phys. B: At. Mol. Phys., 11, 1749-1758.

Berozhko, E. G., and Kabachnik, N. M., and Sizov, V. V., 1980, On the role of electron capture in the inner-shell aligment of atoms in ion atom collisions., Phys. Lett., 77A, 231-233.

Berozhko, E. G., and Kabachnik, N. M., 1977, Theoretical study of inner-shell alignment of atoms in electron impact ionization angular distribution and polarization of X-rays and Auger electron., J. Phys. B: At. Mol. Phys., 10, 2467-2477.

Berozhko, E. G., Kabachnik, N. M., and Rostowsky, V. S., 1978, Potential-barrier effects in inner-shell photoionisation and their influence on the anisotropy of x-rays and Auger electrons., J. Phys. B: At. Mol. Phys., 11, 1749-1758.

Berozhko, E. G., Sizov, V. V., and Kabachink, N. M., 1981, Inner-shell alignment of atoms in ion-atom collisions II. Electron capture., J. Phys. B: At. Mol. Phys., 14, 2635-2646.

Budak, G. Karabulut, A. Demir, L. and Şahin, Y. Measurement of $K\alpha$ and $K\beta$ Fluorescence Cross Sections for Elements in the Range $44 \leq Z \leq 68$ at 59.5 KeV, Phys. Rev. A 60 (1999) 2015-2018.

Budak, G., Karabulut, A., Şimşek, Ö., Ertuğrul, M., 1999, Measurements of the efficiency of a Si(Li) detector in the 5.5-60 keV energy rregion., Instr. Science& Technology, 27(5), 357-366.

Bulum. K., and Kleinpopen, H., 1979, Electron-Photon angular correlation in atomic physics., Physics Reports., 52, 203-261.

Bulum. K., and Kleinpopen, H., 1983, Angular correlation studies of heavy-particle impact excitation of atoms., Physics Reports., 96, 251-316.

Campbell J. L., 1983, On the concept of a radial dependence of efficiency in Si(Li) x-ray detectors., Nucl. Inst. And Method. 206, 581-584.

Catz, A. L., 1970, Angular correlation between K and L X-rays in Pb., Rev. A., 3, 849-854.

Catz, A. L., and Macias, E. S., 1971, Angular correlation between K and L X-rays in Ta and Tl.,Phys. Rev. A., 3, 849-854.

Cohen, D. D., 1980, A radially dependent photopeak efficiency model for Si(Li) detectors, Nucl. Inst. And Method. 178, 481-490.

Cooper, J. W. and Zare, R. N., 1968, Angular distribution of photoelectrons., J. Chem. Phys., 48, 942-945.

Cooper, J. W., and Manson, S.T., 1969, Photo-ionization in soft X-ray range: Angular distributions of photo-electrons and interpretation in term of subshell structure., Phys. Rev. A., 177, 157-163.

Cooper, J. W., and Zare, R. N., 1968, Angular distribution of photoelectrons., J. Chem. Phys., 48, 942-945.

Demir, L., Şahin, M., Söğüt, Ö., Şahin, Y., 2000, Measurement of angular dependence of photon-induced differential cross-sections of M X-rays from Pt, Au, and Hg at 5.96 keV., Radiat. Phys. and Chem. 59, 355-359.

Durak, R., and Şahin Y., 1998, Measurement of K-Shell Fluorescence Yields of Selected Elements from Cs to Pb Using Radioisotope X-Ray Fluorescence, Phys. Rev. A 57, 2578-2582

Durak, R., 1997, X-ışını floresans spektroskopi-I ders notları, Atatürk Üniversitesi Fen&Edebiyat Fakültesi, Erzurum, 1-86.

Durak, R., 1998, K-shell fluorescence cross-sections and fluorescence yields measurements in 12 elements from Zr to Yb at 122 keV., Physica Scripta. 58, 111-115.

Durak, R., and Özdemir, Y., 1998, K to L and M shell radiative vacancy transfer probability measurements in some elements Ni to Pb., J. Phys. B: At. Mol. Opt. Phys., 31, 3575-3581.

Durak, R., and Özdemir, Y., 1998, K to L and M shell radiative vacancy transfer probability measurements in some elements Ni to Pb., J. Phys. B: At. Mol. Opt. Phys., 31, 3575-3581.

Durak, R., and Özdemir, Y., 2000, $L\iota$, $L\alpha$, $L\beta$ and $L\gamma$ X-ray production Cross Section and Yields of Some Selected Elements Between Cesium and Erbium Following Ionization by 59.5 keV γ -rays., Spectrochimica Acta Part B, 55, 177-184.

Durak, R., and Özdemir, Y., 2000, X-Ray Spectrom., Measurements of K to L and M Shell Radiative Vacancy Transfer Probabilities in Lanthanide Elements by 59.5 keV Photons, 29, 151-154.

Durak, R., and Özdemir, Y., 2000, X-Ray Spectrom., Measurements of K to L and M Shell Radiative Vacancy Transfer Probabilities in Lanthanide Elements by 59.5 keV Photons, 29, 151-154.

Durak, R., and Özdemir, Y., 2001, Experimental determination of L-subshell fluorescence yields for heavy elements at 59.54 keV., J. Anal. At. Spectrom., 16, 1167-1171.

Durak, R., and Özdemir, Y., 2001, Measurement of $L\alpha / L\ell$, $L\alpha / L\beta$ and $L\alpha / L\gamma$ X-ray intensity ratios for elements in the atomic range $57 \leq Z \leq 92$ using radioisotope X-ray fluorescence,. Phys. Let. A, 284, 43-48.

Durak, R., Ertuğrul, M., Erzeneoğlu, S., Kurucu, Y., and Şahin Y., 1995, Analysis of binary systems with rayleigh and Compton scattered photons., Applied Spectroscopy Review, 30, (1&2), 1-11.

Durak, R., Erzeneoğlu, S., Kurucu, Y., and Şahin Y., 1998, Measurement of photon-induced K X-ray production cross-section for some elements with $40 \leq Z \leq 70$ at 122 keV., Radiat. Phys. Chem., 51, 45-48.

Durak, R., Erzeneoğlu, S., Kurucu, Y., and Şahin, Y., 1997, Natural background in Ge(Li) spectrometry., Instr. Science and Thec. 25, 335-343.

Durak, R., Kurucu, Y., Erzeneoğlu, S., Ertuğrul, M., and Şahin., Y., 1997, Scattering contribution of fluorescrence radiation to XRF intensity in Ge(Li) detector., Physica Scripta. 55, 153-155.

Durak, R., Özdemir, Y., and Şahin, Y., 2001, Measurement of $K\alpha$ to $L\alpha$ and $K\beta$ to $L\beta$ intensity ratios of seven elements in the atomic number range $56 \leq Z \leq 66$ using photoionization at 59.54 keV., JQSRT, 70, 333-340.

Durak, R., Şahin, Y., 1997, Measurements of K-shell fluorescence yields for Ba, Ce, Nd, Gd, Dy, Er, and Yb using radioisotope XRF., Nucl. Inst. And Meth. in Phys. Res. B124, 124, 1-4.

Durak. R., Özdemir, Y, 2001, Experimental, determination of L-subshell fluorescence yields for heavy elements at 59.54 keV., J. Asnal. At. Spectrom., 16, 1167-1171.

Ertuğrul M. 1992, Si (Li) dedektör ile karakteristik X-ışınlarının açısal dağılımlarının, polarizasyonlarının, tesir kesitlerinin ve şiddet oranlarının ölçülmesi, Doktora Tezi, Atatürk Üniversitesi Fen Bilimleri Enstitüsü.

Ertuğrul, M., Büyükkasap, E., Küçükönder, A., Kopya, A. İ., and Erdoğan, H., 1995, Anisotropy of L-shell X-rays in Au and Hg excited by 59.5 keV photons., Nuova Cimento, 17, 993-998.

Ertuğrul, M., Doğan, O., Şimşek, Ö., and Turgut, Ü., 1997, Measurement of probabilities for vacancy transfer from the K to L shell of the elements $73 \leq Z \leq 92$., Phys. Rev. A 55, 303-306.

Ertuğrul, M., Durak, R., Tıraşoğlu, E., Büyükkasap, E., and Erdoğan, H., 1995, Angular dependence of differential cross-sections of L X-rays from Hg, Tl and Pb at 59,5 keV., Applied Spectroscopy Review, 30 (3), 219-225.

Ertuğrul, M., Durak, R., Tıraşoğlu, E., Büyükkasap, E., and Erdoğan, H., 1995, Angular dependence of differential cross-sections of L X-rays from Hg, Tl and Pb at 59,5 keV., Applied Spectroscopy Review, 30 (3), 219-225.

Ertuğrul, M., Şimşek, Ö., Doğan, O., Öz, E., öğüt, Ö., Turgut, Ü., 2001, Measurement of the $K\alpha$ and $K\beta$ X-rays polarization degree and polarization effect on the $K\beta / K\alpha$ intensity ratio., Nucl. Instrum. Meth. B 179, 465-468.

Ertuğrul, M., Tıraşoğlu, E., Kurucu, Y., Erzeneoğlu, S., Durak, R., and Şahin, Y., 1996, Measurement of M-shell x-ray production cross-sections and fluorescence yields for the elements in the atomic range $70 \leq Z \leq 92$ at 5.96 keV. Nucl. Inst. and Meth. in Phys. Res. B108, 18-22.

Erzeneoğlu, and S., Durak, R., Kurucu, Y., and Şahin, Y., 1998, Coherent scattering 59. 5 keV gamma rays by Ti, Ni, Zr and In through angles from 36° to 135°., Applied Spectroscopy Reviews, 33 (1&2), 175-187.

Erzeneoğlu, S., Kurucu, Y., Durak, R., and Şahin Y., 1996, Coherent scattering of 59.5 keV photons by Au and Pb. Physica Scripta., 54, 153-155.

Erzeneoğlu, S., Kurucu, Y., Durak, R., and Şahin, Y., 1995, Measurements of atomic form factors at 4.283 Å^{-1} photons momentum transfer., Phys. Rev. A51, 4628-4630.

Flügge, S., Mehlhorn, W., and Schmidt, V., 1972, Angular distribution of Auger electrons following photoionization, Phys. Rev. Lett. 29, 1, 7-9.

Folkmann, F., Cramon K. M., and Hertel, N., 1984, Angular distribution of particle-induced X-ray emission., Nucl. Instr. and Methods., B3, 11-15.

Folkmann, F., Cramon, K. M. and Hertel, N., 1984, Angular distribution of particle-induced X-ray emission, Nucl. Instrum. Meth., B, 3, 11-15.

Fragg, L. W. amd Honna, S. S., 1959, Polarization measurements on nuclear gamma rays , Rev. of Mod. Phy., 31, 711-758.

Hansen, J. S., Mcgeorge, J. C., Nıx, D., Schmidt-ott, W. D., Unus, I., and Fink, R. W., 1973, Acurate efficiency calibration and properties of semiconductor detector for low-energy photons., Nucl. Inst. And Method. 106, 365-379.

He., F. Q., Peng, X. F., Long, X. F., Luo, Z. M., An, Z., 1997, K-shell ionization cross-sections by electron bombardment at low energies., Nucl. Inst. And Meth. in Phys. Res. B 129, 445-450.

Helmer, R. G., 1982, Efficiency calibration of a Ge detector for 30-2800 keV γ rays., Nucl. Inst. And Method. 199, 521-529.

Hino, K., and Watanabe, T., 1988, Angular distribution and lineer-polarization of X-rays induced by radiative electron capture process., Nucl. Instrum. Meth., B, 33, 314-316.

Hithachi, A., Awaya, Y., Kambara, T., Kanai, V., Kase, M., Kumagai, H., Takahashi, J., Mizogawa, T., and Yagishita, A., 1991, Angular distribution of Ti K X-rays and Sn L X-rays induced by 6 MeV/nucleon N-ion impact, J. Phys.B: At. Mol. Phys., 24, 3009-3018.

Honzatko, J. and Kajfosz, J., 1969, Lineer polarization measurements by Ge(Li) detector, Czech. J. Phys. B, 19, 1281-1289.

Hubbell, J. H., Mehta, D., Garg, M. L., Garg, R. R., Singh, S., and Puri, S., 1994, A rewiew, Bibliography, and Tabulation of K, L, and higher atomic shell X-ray fluorescence yields., Phys. Chem. Ref. Data, 23, 339-363.

Hubbell, J. H., Seltzer, S. M., 1995, Tables of X-ray mass Attenuation coefficients and mass energy-absorption coefficients 1 keV to 20 MeV for elements Z=1 to 92 and 48 additional substances of dosimetric interest., NISTIR Report 5632, Nationallnstitute of Standarts and Technology Physics Laboratory Ionizing Radiation Division, Gaihersburg.

Hubbell, J. H., Trehan, P. N., Singh, N., Chand, B., Mehta, D., Garg, M. L., Garg, R. R., Singh, S., and Puri, S., 1994, A review, bibliography, and tabulation of K, L, and Hinger atomic shell X-ray fluorescence yields., J. Phys. Chem. Ref. Data, 23, 339-351.

Jenkins R., Manne, R., Robin R., Senemaud, C., 1991, Nomenclature system for X-ray spectroscopy., X-ray Spectrom. 20, 149-155.

Jesus, A. P., Ribeiro, J. P., Niza, I. B., and Lopes J. S., 1989, L_3-subshell alignment of Au induced by proton, deuteron and alpha-particle impact., J. Phys. B: Mol. Opt. Phys. 22, 65-70.

Jitschin, W., Hippler, R., shanker, R., Kleinpopen, H., Schuch, R., and Lutzh, H. O., 1983, L X-ray anisotropy and L_3-subshell alignment of heavy atoms induced by ion impact., J. Phys. B: At. Mol. Phys., 16, 1417-1431.

Jitschin, W., Hippler, R., Shanker, R., Kleinpoppen, H., Schuch, R., and Lutzh, H. O., 1983, L X-ray anisotropy and L_3-subshell alignment of heavy atoms induced by ion impact., J. Phys. B: At Mol. Phys., 16, 1417-1431.

Jitschin, W., Kleinpoppen, H., Hippler, R., and Lutz, H. O., 1976, L-shell aligment of heavy atoms induced by proton impact ionisation., J. Phys. B: At. Mol. Phys., 12, 4077-4084.

Jitschin, W., Koschuba, A., Kleinpopen, H., and Lutz, H. O., 1982, Proton-induced aligment of the L_3-subshell in heavy atoms., Z. Phys. A, 304, 69-73.

Kabachnik, N. M., and Kondratyev, V. N., 1988, Integral and differential alignment of atomic inner-shell vacancies in the semi classical approximation, J. Phys. B: At. Mol. Phys., 21, 963-980.

Kahlon, K. S., Allawadhi, K. L., and Sood, B. S., 1993, Measurement of angular distribution of M shell fluorescent X-rays excited by 5.96 keV photons in thorium., J. Phys. 40, 59-64.

Kahlon, K. S., Allawadhi, K. L., and Sood, B. S., 1991, Alignment of M-subshell vacancy states after photoionization., J. Phys. B: At. Mol. Opt. Phys. 24, 3727-3731.

Kahlon, K. S., Aulakh, H. S, Singh, N., Mittal, R., Allawadhi, K. L., and Sood, B. S., 1991, Measurement of angular distribution and polarization of photon-induced fluorescent x-rays in thorium and uranium., Phys. Rev. A, 43, 1455-1460.

Kahlon, K. S., Aulalch, H. S., Singh, N., Mittal, R., Allawadhi, K. L., and Sood, B. S., 1990, Experimental İnvestigation of alignment of the L_3-subshell vacancy state produced after photoionization in lead by 59.57 keV photons., J. Phys.B: At. Mol. Phys., 23, 2733-2742.

Kahlon, K. S., Singh, N., Mittal, R., Allawadhi, K. L., and Sood, B. S., 1991, L_3-sbshell vacancy state alignment in photon-atom collisions, Phys., Rev., A., 44, 4379-4385.

Karabulut A., Budak, G., Demir, L. and Şahin, Y., Kα And Kβ X-Ray Fluorescence Cross Sections in Atomic Region $26 \leq Z \leq 42$ at 59.5 Kev Photons, Nucl. Instr. Meth. in Phys. Res. B 155 (1999) 369-372.

Kulli-Zade, C. M., and Tektunalı, G., 1995, Atom spektroskopisinin temelleri, İstanbul Üniversitesi Yayınları., 3855, 237.

Kurucu, Y., Durak, R., Erzeneoğlu, S., and Şahin, Y., 1998, Incoherent scattering differential cross-sections of 59.5 keV photons in In, Au and Pb., Journal of Trace and Microprobe Tech., 16, 293-300.

Kurucu, Y., Erzeneoglu, S., Şahin Y., Durak, R., 1994, Incoharent scattering of 59.5 keV gamma-rays by light, medium and heavy elements., IL Nuovo Cimento, 16D, 555-559.

Kurucu, Y., Erzeneoğlu, S., Durak, R., and Şahin, Y., 1998, Scattering of 59.5 gamma rays by Ti, Ni and Zr., Applied Spectroscopy Reviews, 33 (1&2), 167-174.

Manson, S. T. and Kennedy, D. J., 1974, At. Data Nucl. Data Tables, 14, 111.

Mcfarlane, S. C., 1972, The polarization of characteristic X-radiation excited by electron impact, J. Phys. B: At. Mol. Phys., 5, 1906-1915.

Molak, B., Ilakovac, K., and Ljubucic, A., 1971, Z dependence of lineer polarization in elastic scattering, Fizika, 3, 239-246.

Orlić, I., Osipowicz, T., Sow, C. H., 1998, L X-ray production cross-sections of medium Z elements by ^{4}He ion impact., Nucl. Inst. And Meth. in Phys. Res. B 136-138, 184-188.

Öz E., Özdemir, Y., Ekinci, N., Ertuğrul, M., Şahin, Y., Erdoğan, H., 2000, Measurement of atomic L shell fluorescence (ω_1, ω_2, ω_3) and Auger (a_1, a_2 and a_3) yields for some elements in the atomic number range 59 ≤ Z ≤85., Spectrochimica Acta Part B 55 , 1869-1877.

Özdemir, Y., 1998, 60 keV'lik fotonlarla uyarılmış Z=24-92 aralığındaki elementlerin K ve L X-ışını floresans tesir kesitleri ve floresans verimleri, Yüksek Lisans Tezi, Atatürk Üniversitesi Fen Bilimleri Enstitüsü, 1998.

Özdemir, Y., and Durak, R., 2000, Measurement of $L\iota$, $L\alpha$, $L\beta$ and $L\gamma$ X-ray production cross-sections and average L shell fluorescence yields for elements in the atomic range 70≤ Z≤ 92 at 59.54 keV., Physica Scripta., 62, 41-45.

Pajek, M., and Schuch, R., 1992, Photon polarization in radiative recombination of bare ions with low-energy free electron., Phys. Rev. A., 46, 6962-6969.

Pajek, M., Jaskóla, M., Czyżewski, T., Glowacka, L., Banaś, D., Braziewicz, J., Kretschmer, W., Lapicki, G., Trautmann, D., 1990, Nucl. Inst. And Meth. in Phys. Res. B 150, 33-39.

Palinkas, J., Sarkadi, L., and Schlenk, B., 1980, L_3-subshell aligment in gold following low-velocity proton and He^+ impact ionization., J. Phys.B: At. Mol. Phys. 13, 3829-3834.

Palinkas, J., Schlenk, B., and Valak, A., 1981, The coulomb deflection effect on the L_3-subshell alignment in low-velocity proton impact ionization., J. Phys. B: At. Mol. Phys., 14, 1157-1159.

Papp, T., and Compbell, J. L., 1992, Non-statistical papulation of the erbium L_3-subshell in photoionization., J. Phys. B: At. Mol. Phys., 25, 3765-3770.

Papp, T., and Palinkas, J., 1988, Measurement of M2-E1 mixing in L x-ray transitions., Phys. Rev. A., 38, 2686-2688.

Papp, T., Awaya, Y., Hitachi, A., Kambara, T., Kanai, Y., Mizogawa, T., and Török, I., 1991, Angular distribution measurement of various L_3 x-ray transitions., J. Phys. B: At. Mol. Phys., 24, 3797-3807.

Papp, T., Awaya, Y., Hitachi, A., Kambara, T., Kanai, Y., Mizogawa, T., and Törük, I., 1991, Angular distribution measurement of various L_3 X-ray transition, J. Phys. B: At Mol. Phys., 24, 3797-3806.

Papp, T., Campbell, J. L., and Maxwell, J. A., 1993, Deviation from the single-particle model in angular distribution of torium L_3 X-rays in proton-impact ionization, Phys. Rev. A, 48, 3062-3071.

Papp, T., Maxwell, J. A., Teesdale, W. J. And Campbell, J. L., 1993, Inconsistent K-L X-ray angular correlations in uranium., Phy. Rev. A, 47, 333-339.

Puri, S. Mehta, D., Chand, B., Sing, N., and Trehan., P. N., 1993, Measurements of L to M shell vacancy transfer probabilities for the elements in the atomic ragion $70 \leq Z \leq 92$., Nucl. Instrum. Methods.B 74, 347-351.

Puri, S., Mehta, D., Chand, B., Singh, N., Hubbell, J. H., and Trehan, P. N., 1993, Production of L_i subsell and M shell vacancies following inner-shell vacancy production., Nucl. Instr. and Methods., B73, 21-30.

Rao, P.V., Chen, M. H., and Crasemann B, 1972, Atomic vacancy distributions produced by inner-shell ionization., Phys. Rev. A 5 997-1012.

Ricther, G., Brüssermann, M., Ost, S., Wigger, J., Cleff, B., and Santo, R., 1981, $2p_{3/2}$ alignment of silver by 0.1-5.1 MeV proton impact ionization, Phys. Lett., 82 A, 412-414.

Sadner, W., and Schmitt, W., 1978, Energy-dependence of L_3-shell alignment of argon following electron impact ionization., J. Phys. B: At. Mol. Phys., 11, 1833-1848.

Sandner, W., and Theodosiou, C. E., 1990, Absolute doubly differential cross-sections for the neon K-shell ionization by electron impact., Phys. Rev. A., 42, 5208-5222.

Scnöler, A., and Bell, F., 1978, Angular distribution and polarization fraction of characteristic X-radiation after proton Impact., Z. Physik A, 268, 163.

Scnöler, A., and Bell, F., 1978, Angular distribution and polarization fraction or characteristic X-radiation after proton impact., Z. Physik A, 286, 163-168.

Scofield, J. H., 1973, Theoretical Photoionization cross-sections from 1 to 1500 keV., Lawrance Livermore Laboratory, Livermore, CA Report UCRL- 51326.

Scofield, J. H., 1974, Relativistic Hartree-slater values for K and L X-ray emission rates.,At Data Nucl. Data Tables 14, 121-137.

Scofield, J. H., 1974, Exchange corrections of K X-ray emission rates., Phys. Rev. A 9 1041-1049.

Scofield, J. H., 1974, Hartree-Fock values of L X-ray emission rates., Phys. Rev. A 10 1507-1510.

Scofield, J. H., 1976, Angular dependence of fluorescent x rays.,Phy. Rev. A., 14, 1418-1420.

Scofield, J. H., 1976, Angular dependence of fluorescent X-rays., Phys. Rev. A., 14, 1418-1420.

Scofield, J. H., 1989, Angular and polarization correlations in photoionization and radiative recombination., Phys. Rev. A, 40, 3054-3058.

Scofield, J. H., 1989, Angular and polarization correlations in photoionization and radiative recombination., Phys. Rev. A., 40, 3054-3460.

Scofield, J. H., 1991, Angular distribution of cascade X-rays following radiative recombination from a beam., Phys. Rev. A., 44, 139-143.

Siegbahn, K., 1974, Alpha, Betha and Gamma-ray Spectroscopy, North-Holland Publishing Company, II, 1040-1044.

Sood, B. S., 1958, Polarization of 0.411; 0.662 and 1.25 MeV γ-rays elastically scattered by lead, Proc. Roy. Soc. A, 247-380.

Sud, K. K., and Moattar, S., 1990, Differential cross-section for K-shell ionisation by electron impact, J. Phys. B: At. Mol. Phys., 23, 2363-2371.

Şahin, Y., Durak R., Kurucu, Y., and Erzeneoğlu, S., 1994, Peak area determination and energy dependence of gamma and X-ray peak tailing., Journal of Radioanaltical and Nuclear Chemistry, 177, 403-413.

Tamimasu, T., 1980, Angular distributions of emitted X-rays from thick 270^0 Sector-type Pb and Cu targets bombarded by 15-33 MeV electron., Nucl. Instrum. Meth., 173, 371-378.

Taylor, G. R., Payne, 1990,W. B., Phys. Rev. 118, 1549.

Zalutsky, M. R., and Macias, E. S., 1975, Angular correlation of X-rays: L-M cascades of plutonium, Phy. Rev., A, 12, 526-530.

Zalutsky, M. R., Macias. E. S., and Catz, A. L., 1975, Angular correlation between K and L X-rays in tantalum., Phys. Rev. A., 11, 75-78.,

Zalutsty, M. R., and Macias, E. S., 1974, Measurement of the angular corelation between L and M X-rays Cascades., Phys. Lett., 49, A, 285-286.

Sood, B.S., 1958. Estimation of 0.411, 0.662 and 1.25 MeV γ-rays elastically scattered by lead. Proc. Roy. Soc. A, 247, 375.

Tollet, A.J. and [illegible], 1970. Differential [illegible] cross-section for K-shell ionization [illegible] Compton [illegible]. J. At. Mol. Phys. [illegible]

[illegible], P., [illegible], R., [illegible] and [illegible], S., 1990. Peak area [illegible] and [illegible] of [illegible] with [illegible]. Journal of [illegible] and [illegible] Chemistry 141, 301-315.

[illegible], 1982. Angular distribution of [illegible] from [illegible] and [illegible] and [illegible]. [illegible] Nucl. Instrum. Meth. 171, 41-[illegible]

[illegible], 1993. [illegible] Phys. Rev. 112, [illegible]

[illegible] and [illegible], 1976. Angular distribution of [illegible] [illegible] [illegible]

[illegible]

Printed by Books on Demand GmbH, Norderstedt / Germany